华南地区
园林植物识别与应用实习教程

庄雪影 主编

中国林业出版社

图书在版编目（CIP）数据

华南地区园林植物识别与应用实习教程／庄雪影　主编．—北京：中国林业出版社，2009.3（2024.7重印）

ISBN 978-7-5038-5413-2

I.华…　II.庄…　III.园林植物—华南地区—教材　IV.S68

中国版本图书馆CIP数据核字（2009）第005503号

出　　版：	中国林业出版社（100009　北京市西城区刘海胡同7号）
电　　话：	（010）83143595
印　　刷：	北京中科印刷有限公司
版　　次：	2009年3月第1版
印　　次：	2024年7月第9次
开　　本：	787mm×1092mm　1／16
印　　张：	10.5
字　　数：	265千字
定　　价：	56.00元

凡本书出现缺页、倒页、脱页等质量问题，请向出版社图书营销中心调换。
版权所有　侵权必究

前 言

《华南地区园林植物识别与应用实习教程》可作为园林树木学、观赏树木学、园林植物学和风景园林树木学等课程的实习教材，书中介绍了华南地区园林绿化中常用的园林植物，包括部分新引进且应用前景较好的观赏植物，共300种，另有53个变种和栽培变种，隶属100个科248个属。为了使大学生和初学者能更直观地学习，园林植物种类的介绍包括了形态特征、习性、观赏特性和园林应用等方面内容，并配有植物整体或局部的彩色图片。适合华南地区园林绿化工作者、大专院校学生及广大植物爱好者使用。

本书分为总论和各论两部分。总论简单介绍了园林植物的分类、生态习性、观赏习性、形态术语及野外识别植物的基础知识；各论按植物类群和习性分为蕨类植物、裸子植物和被子植物。被子植物包括乔木类、灌木类、藤本植物、草花类、棕榈科植物、竹类和水生植物等。每一种植物均从形态特征、习性、观赏特性和园林应用等4个方面进行阐述。

庄雪影和秦新生负责前言和总论部分的编写和全书的审核。翟翠花协助进行全书文字描述和图片的编辑和整理。蔡静如、何卓彦、梅启明、胡竞恺、胡新月、尹茜、杨育旺、郑明轩、黄久香、唐光大等同学和老师参与了部分植物描述材料的编写和图片的收集。

由于时间的仓促，书中难免存在错误和缺点，敬请广大读者批评指正，使我们的工作水平不断提高。

作者
华南农业大学

目 录

前 言

野外实习记录及标本采集知识 1

园林植物识别 3

园林植物 5

木兰科	6	秋海棠科	28	芸香科	80	旅人蕉科	118
番荔枝科	9	番木瓜科	29	芸香科	81	姜科	119
番荔枝科	10	仙人掌科	29	楝科	81	美人蕉科	119
樟科	10	山茶科	31	无患子科	83	竹芋科	119
睡莲科	12	桃金娘科	31	漆树科	85	百合科	120
小檗科	13	野牡丹科	37	五加科	86	雨久花科	123
胡椒科	14	使君子科	38	杜鹃花科	88	天南星科	124
白花菜科	15	藤黄科	40	山榄科	90	石蒜科	127
辣木科	16	杜英科	40	紫金牛科	90	龙舌兰科	130
十字花科	16	梧桐科	41	马钱科	91	棕榈科	135
堇菜科	17	木棉科	42	木犀科	91	露兜树科	145
景天科	17	锦葵科	44	夹竹桃科	93	兰科	146
马齿苋科	18	大戟科	47	茜草科	98	莎草科	147
蓼科	18	蔷薇科	54	忍冬科	100	禾本科	148
苋科	19	含羞草科	56	菊科	100	苏铁科	152
牻牛儿苗科	20	苏木科	59	紫草科	102	南洋杉科	152
酢酱草科	21	蝶形花科	65	茄科	102	松科	153
凤仙花科	21	金缕梅科	69	旋花科	103	杉科	154
千屈菜科	23	杨柳科	70	玄参科	103	柏科	155
海桑科	24	杨梅科	71	苦苣苔科	104	罗汉松科	156
沉香科	25	木麻黄科	71	紫葳科	105	铁线蕨科	157
紫茉莉科	25	榆科	72	爵床科	108	肾蕨科	157
山龙眼科	26	桑科	73	马鞭草科	110	骨碎补科	158
第伦桃科	26	荨麻科	78	唇形科	115	凤尾蕨科	158
海桐花科	27	冬青科	79	鸭跖草科	116	铁角蕨科	159
红木科	27	葡萄科	80	芭蕉科	117	水龙骨科	159
西番莲科	28						

中文名索引 160

拉丁文索引 163

参考文献 164

野外实习记录及标本采集知识

城乡园林是由许多植物种类组成。每一种植物对不同环境的要求及适应表现不同。通过野外实习，可以了解植物的生物学、生态学及景观效果。因此，野外实习是园林植物识别的重要实践环节之一。而做好实习记录和植物标本的采集是准确识别植物的基础。

一、野外实习记录

在野外实习过程中，需要认真观察园林植物的形态特点、物候和生境条件，通常用文字和照片记录。但随着数码技术的发展，越来越多地采用数码图片信息作为记录形式，因为它具有直观、快速、易整理、易拷贝等特点，但也存在不易长久保存、易丢失等缺点。因此，传统的纸质记载对于长久保存具有不可替代的作用。记录内容主要包括植物的生长环境、生长习性和枝、叶、花果的形态特征等，特别是对一些植物标本干燥后容易丢失的性状进行记录，如叶色、花色、花形、果形、气味、花果

表1 实习标本采集记录表

（单位名称）	
标本号	
采集人	采集号
日　期	年　月　日
地　点	
生　境	林中　路边　水边　田边
	山顶　山谷　海拔　m
性　状	乔木　灌木　草本　藤本
叶	
花	
果	
附　记	
土　名	
学　名	
科　名	
份　数	

表2 园林植物调查记录表

地点：　　　　　　　　　　　　绿地类型：
时间：　　　　　　　　　　　　调查人员：

种名	植物习性			生长表现			立地条件	病虫害		配置方式	备注
	乔木	灌木	草木	优良	一般	较差		有	无		

期等。为了节省时间，提高效率，我们在实习前可以现将实习标本采集单和调查记录表打印好，在野外实习时就可以直接记录，实习结束后及时整理。以下是实习记录的参考格式（见表1、表2），具体内容可以根据实际情况进行调整。

二、植物标本的采集与制作

1. 采集植物标本常用工具及仪器

枝剪、标签、野外表或记录纸、标本夹、标本袋、标本纸（草纸）、地形图、测高器、围尺、相机、海拔仪、GPS等及生活用品、安全用品等。

2. 采集植物标本应注意的问题

（1）采集的标本应具有典型性、代表性，最好带有繁殖器官（花、果或孢子囊等）。

（2）草本植物最好采全株（如百合科、竹亚科的根和地下茎在分类上有重要意义），并注意采齐新叶和老叶（尤其是基生叶与上部叶明显不同的科属如菊科、十字花科），同时尽量保留原来性状。

（3）如地下部分过大，可分别压制，但必须与地上部分编同一采集号。

（4）雌雄异株的植物（冬青科、桑科、葫芦科等）应注意采集雌株和雄株。

（5）对于含水分较多（如景天科、仙人掌科等）或有根状地下茎植物（如百合科），需切开进行干燥或用开水将其烫死后再压制，否则植物会在标本夹内延续生长，花、叶脱落或腐烂败坏。

（6）木本植物的树皮是鉴别上的特征，采集标本时应尽量割取，并与标本同编一号，供研究参考。

（7）每种植物的标本均应有野外记录。对易改变的特征，如花的颜色、气味、毛茸等均应作详细记录。

（8）在园林植物采集时，不要滥采乱剪，要爱护植物，注意保护植物。

3. 植物标本的压制与装订

制作植物标本的方法有烙干法、沙干法、硅胶法和压干法（刘心源，1981）。其中，压干法是最常用的植物标本压干法。

（1）植物标本的压制。标本压制的目的是使标本在短时间脱水干燥，使其形态与颜色得以固定。压干法的标本处理方法是用吸水性强的草纸来压制。采集当天要换草纸1~2次，以后视情况相应减少。对于叶易脱落的种类，可先以少量食盐沸水浸半分钟至1分钟，再以75%酒精浸泡后，等稍风干再压。

（2）植物标本的装订。标本干燥后即可装订。装订前可先消毒（或装订后消毒），并再次修剪标本至合适的大小，用道林纸装订在台纸上（27cm×40cm），贴上采集记录、标签即可。在有条件的单位，腊叶标本可直接保存在植物标本柜里。

园林植物识别

我国幅员辽阔，植物资源丰富，仅高等植物就有3万余种，在园林中应用的植物也很丰富。植物识别是观赏植物资源保护和开发利用的重要基础。

当我们遇到不认识的植物时，除了请教他人外，还可通过掌握一系列的植物分类学方法和步骤，自行进行植物种类的鉴定。要正确识别园林植物，必须具备一定专业基础知识和野外识别植物的技巧。

一、园林植物识别的专业基础

1. 熟练掌握植物学的形态术语

掌握植物形态特征是园林植物识别的重要基础。而认识园林植物生物学特性、生态学特性和观赏习性，是合理栽培和配植园林植物的依据。根据园林绿化的综合功能要求，对各类园林绿地的植物进行选择、搭配和布置，是学习园林植物识别的主要目的。植物分类学的形态术语包括生活型（乔木、灌木、草本、藤本等）、树形（圆球形、尖塔形或其他形状）、树皮（颜色、开裂方式等）、叶（叶序、脉序、叶形、颜色及附属物等）、花（花序、颜色、形状等）、果实（颜色、形状、类型）、毛被等。值得注意的是，植物的形态特征并不是一成不变的，它除了与自身的生物学特性有关之外，还与它周围的环境有着紧密的联系，为了适应周围的环境，植物会演化出各种形态变异。植物的根、茎、叶等营养器官的变异性相对比花、果等繁殖器官要大。因此，花、果形态特征是识别植物的主要依据。

2. 必须具备一定的植物系统学的基础知识

植物界有孢子植物与种子植物、裸子植物与被子植物、双子叶植物与单子叶植物。为了更好地识别植物，植物学家根据植物间的亲缘关系归纳为不同的目、科、属和种。我们需要了解不同科、属的独特的特征，只有知道某种植物所在的科，鉴别植物就比较容易了。如具蝶形花冠的植物为蝶形花科植物，具荚果的植物为豆目三科植物等。

3. 要掌握野外记录和采集植物标本的方法

一株植物或它的一部分通常叫做植物标本。植物标本要注意采自生长发育正常的植株上，而且最好要有枝、叶、花、果等部分器官，有的植物有时还需要有其他特殊的器官才能鉴定。如竹子通常不开花，只有枝、叶和地下茎的标本，鉴定较困难，因此，在标本采集时应注意记录和采集秆箨或秆鞘结构，以便于属种的鉴定。还有的植物具体腺体、卷须等附属结构，采集标本时都应加以注意收集相关的特殊结构。另外，由于花果的颜色、气味和汁液等特征在干后比较容易丧失，在标本实习时要做好详细记录，如野外实习记录的主要内容包括标本采集的地点、日期、生境、海拔高度、不同器官的颜色和植物体气味等。

4. 善于应用植物分类学专著及其它相关资料

野外调查时应随身携带一个放大镜，及时记录植物的形态特点。在详细观察和记录植物形态特点的基础上，善于应用国内外植物分类学资料，如检索表、植物志、植物图鉴和植物名录等。传统的植物分类学是以植物的外部形态和内部结构为基础的。但随着现代生物化学、遗传学、细胞学、生态学向植物分类学的渗透，目前，植物化学分类学、植物细胞分类学、数量分类学和分子分类学等新的学科也在迅猛发展。这些新学科的发展对植物的准确鉴定提供了重要的参考依据，同时对人类认识植物的系统发展和演化、生命的本质和起源也有了更合理的解释。（《中国植物志》《中国高等植物图鉴》《中国高等植物》和 *Flora of China* 是进行大范围检索时重要的工具书。）

二、园林植物野外识别的步骤和技巧

在野外识别植物时，首先是观察植物的生活型（乔木、灌木、草本、藤本等），体形以及生长环境。然后再仔细观察植物的细部形态。植物花、果实和种子都是植物的繁殖器官，形态比较稳定，是准确识别植物的重要依据。花部结构特征包括花序、颜色、形状等，果实特征包括果实颜色、形状、类型和毛被等，种子大小及其附属物都可作为植物识别的特征。但是，由于花、果保存的时间较短，具有季节性，我们常见的植物器官是枝叶。枝叶保存时间较长，是野外识别植物的重要材料。然而，植物叶部形态的变异较大，对准确识别植物种类具有一定的局限性，但对于个别类群，其叶部形态特征还是具有较高的识别价值。如当某种植物具有对生叶和具托叶的特点，我们可以初步断定该种为茜草科植物。因此，我们应该重视对叶部形态的识别。植物叶部形态包括叶类型、叶序、脉序、叶形、颜色及附属物等。

除了叶、花、果和种子形态外，我们还需要注意观察植物的附属结构特征，如腺体或透明腺点的有无，枝叶有无汁液或气味，植物体是否有毛被或刺状结构等。结合这些特征，有利于准确识别植物种类，如桃金娘科和芸香科植物的叶片常有透明腺点，大戟科、桑科和夹竹桃科植物常有乳汁，大戟科、含羞草科和蔷薇科部分植物的叶部常有腺体。

对于初学人员，学会运用植物检索表来鉴定植物是行之有效的方法。在应用植物检索表时，不仅需要具备植物形态学基础知识，而且还需要熟悉各类群的分类依据。如我们如果在野外见到具有真正花、果的植物，初步判断其是被子植物。再仔细观察，如果该植物叶脉为平行脉或弧形脉，花的各部通常为3或3的倍数，须根系，那很有可能是单子叶植物，如果胚只有子叶1枚，那就是单子叶植物了。如果胚有2枚子叶，叶脉为网状脉或羽状脉，花的各部通常为5或4的倍数，直根系，那它就属于双子叶植物。在确定了大的分类归属后，接下来就需要再观察叶、花、果的特征来确定具体的科、属、种。如在野外看到某种植物的果实为荚果，我们就可以判断这是豆目（Fabales）植物，因为荚果是豆目所特有的果实类型，但要确定是哪科植物，还得看花部结构，如具蝶形花冠，我们可以判断它为蝶形花科(Papilionaceae)；如果其花丝全部分离或仅基部合生，且叶为单小叶，藤本，我们就可初步确定该种可能是藤槐属（*Bowringia*）植物，该属在我国只有1种，即藤槐（*Bowringia callicarpa*）。

在植物识别中，类比的方法非常重要，特别是对于一些形态相似、易混淆的物种，通过比较可以加深印象。譬如南洋楹（*Falcataria moluccana*）和凤凰木（*Delonix regia*）是初学者容易混淆的植物，我们可以通过比较找到它们的异同点，它们的共同点是都有荚果，为豆目植物；主要区别为南洋楹花辐射对称，白色，穗状花序，荚果长不足15cm，属于含羞草科植物（Mimosaceae），凤凰木花两侧对称，红色，荚果长达60cm，属于苏木科植物（Caesalpiniaceae）。如果没有见到花、果，从它们的树形、叶形也可以找到区别，南洋楹顶端枝条通直，小叶菱状长圆形且两侧不对称，长超过1cm，小叶仅6～26对，凤凰木顶端枝条常扭曲，小叶长圆形且两侧对称，长不足1cm，小叶20～40对。

园林植物

1　荷花玉兰　　Magnolia grandiflora L.　　木兰科

形态特征：树冠圆锥形。叶厚革质，椭圆形或倒卵状椭圆形，表面深绿色、有光泽，背面密被锈色绒毛。花单生于枝顶，花大，荷花状，白色，有芳香。聚合果圆柱形，密被褐色或灰黄色绒毛。

习　　性：喜弱光，喜温暖湿润气候，抗污染，不耐盐碱土。

观赏特征：树姿雄伟壮丽，叶大荫浓，花似荷花，芳香馥郁。为美丽的园林绿化观赏树种。

园林应用：适作园景树、行道树或庭荫树。宜孤植、丛植或成排种植。

2　二乔玉兰　　Magnolia soulangeana Soul.-Bod.　　木兰科

形态特征：落叶灌木或小乔木。单叶互生，叶片倒卵形，面稍具柔毛。花大，花外面淡紫色，里面白色，外轮3片，长约为内轮花被片之1/2，花有香气。蓇葖果。

习　　性：喜光，耐半荫。栽培时宜选深厚、肥沃、排水良好的土壤。抗寒性较强。

观赏特征：先花后叶，花大美丽，是良好的观花树种。

园林应用：园林观赏，环境绿化树种。

| 3 白兰 | *Michelia alba* DC. | 木兰科 |

形态特征：常绿乔木，树冠长卵形，树皮灰白。新枝及芽有白色绢毛，单叶互生，青绿色，薄革质有光泽，长椭圆形。叶柄上之托叶痕通常短于叶柄之 1/2。花白色或略带黄色，有浓香，通常不结实。

习　　性：喜光，较耐寒。喜高温干燥，忌积水，栽植地渍水易烂根。喜肥沃、排水良好而带微酸性的砂质土壤，在弱碱性的土壤上亦可生长。

观赏特征：名贵的香花树种。树形优美，终年常绿，开花清香诱人。

园林应用：宜作行道树和庭荫树。是芳香园的主要树种。

| 4 黄兰 | *Michelia champaca* L. | 木兰科 |

形态特征：乔木。叶片薄革质，互生，披针状卵形或披针长椭圆形，叶背平伏长绢毛，叶柄的托叶痕长达叶柄长 2/3。花橙黄色，极香。蓇葖果倒卵状长圆形。

习　　性：喜温暖、湿润，要求阳光充足。不耐干旱，忌积水，不耐寒。宜排水良好、疏松肥沃的微酸性土壤。

观赏特征：树形美观，花香浓郁，是著名木本花卉。

园林应用：宜用作行道树或庭荫树。

5 乐昌含笑　　Michelia chapensis Dandy　　木兰科

形态特征：为常绿乔木，树皮灰色至深褐色，嫩芽披灰色绒毛。叶薄革质，倒卵形或长圆状倒卵形，有光泽，边缘波状，叶柄上无托叶痕。花淡黄色，具芳香。聚合果长圆形或卵圆形。

习　　性：喜温暖湿润的气候，能抗41℃的高温，亦能耐寒。喜光，但苗期喜偏阴。喜土壤深厚、疏松、肥沃、排水良好的酸性至微碱性土壤。

观赏特征：树形整齐，枝繁叶茂，四季常青，花香醉人。是很好的香花树种。

园林应用：可孤植或丛植于园林中，亦可作行道树。

6 含笑　　Michelia figo (Lour.) Spreng.　　木兰科

形态特征：常绿灌木或小乔木。分枝多而紧密组成圆形树冠，树皮和叶上均密被褐色绒毛。单叶互生，叶椭圆形，绿色，光亮，厚革质，全缘。花单生叶腋，花形小，花瓣肉质淡黄色，边缘常带紫晕，花有香蕉气味。

习　　性：喜高温，生长适温约22～30℃。以肥沃的壤土或腐殖质土最佳，排水、日照需良好。

观赏特征：花香袭人，有香蕉气味，是极好的香花植物。

园林应用：适合栽培在阳台、庭园等较大空间内。因其香味浓烈，不宜陈设于小空间内。

| 7 | 番荔枝 | *Annona squamosa* L. | 番荔枝科 |

形态特征：落叶小乔木，树皮薄，灰白色，树冠球形或扁球形。单叶互生，椭圆状披针形或长圆形，先端尖或钝，基部圆或阔楔形。花黄绿色，聚生枝顶或与叶对生。聚合浆果肉质近球形，成熟时黄绿色。

习　　性：喜光，喜温暖湿润气候，要求年平均温度在22℃以上，不耐寒；适生于深厚肥沃排水良好的砂壤土。

观赏特征：热带著名水果。

园林应用：除可作热带果树种植外，适宜在园林绿地中栽植观赏，孤植或成片栽植效果均佳。

| 8 | 鹰爪 | *Artabotrys hexapetalus* (L. f.) Bhandari | 番荔枝科 |

形态特征：攀缘灌木，小枝近无毛。叶长圆形，浓绿具光泽。花1～2朵生于钩状花序梗上，淡绿色或淡黄色，芳香，花瓣外面密披柔毛。果卵圆形，顶端尖，数个簇生成球，熟时橙黄色，酸甜可食。

习　　性：喜生于肥沃、疏松湿润的土壤中。喜高温高湿，不耐寒冷，喜弱光，不耐长期积水，抗性强。

观赏特征：树形优美，花果形态奇特，可供观赏。

园林应用：常栽于公园和屋旁，也可以孤植整形。

9 垂枝暗罗   Polyalthia longifolia (Sonn.) Thw. 'Pendula' 番荔枝科

形态特征：常绿乔木，树呈锥形或塔状，主干直立，小枝纤细，暗褐色，下垂。叶互生，长披针形，纸质，下垂，叶缘波状明显有规则。

习　　性：喜高温多湿，要求排水良好。对土壤要求不严。

观赏特征：叶色四季青翠，树冠美观。下垂的枝条，整洁飒爽，风格独具。

园林应用：适作庭园美化及行道树。

10 阴香   Cinnamomum burmanii (C. G. et Th. Nees) Bl. 樟科

形态特征：常绿乔木，树皮灰褐至黑褐色，有近似肉桂的气味。叶不规则对生或为散生，革质，卵形至长椭圆形，顶端短渐尖。花绿白色，组成近顶生或腋生的圆锥花序。果实卵形。

习　　性：喜光，以肥沃、疏松、湿润而不积水的土壤为佳。

观赏特征：树形优美，枝繁叶茂，有肉桂之香味。

园林应用：宜作庭园树和道旁树。抗氯气和二氧化硫，为理想的防污绿化树种。

| 11 樟树 | *Cinnamomum camphora* (L.) Presl | 樟科 |

形态特征：常绿乔木，树皮幼时绿色，平滑，老时渐变为黄褐色或灰褐色纵裂。叶薄革质，卵形或椭圆状卵形，离基3出脉，背面微被白粉，脉腋有腺点。花黄绿色，春天开，圆锥花序腋生。球形的小果实成熟后为黑紫色。

习　　性：喜光，喜温暖、湿润气候，较耐水湿。对土壤要求不苛，除盐碱土外都能适应。不耐干旱贫瘠。

观赏特征：树冠宽阔，枝叶茂密翠绿，树姿雄伟，有挥发性樟脑香味。

园林应用：适合栽培在庭园、道路两旁等，作行道树及园景树。

| 12 兰屿肉桂 | *Cinnamomum kotoense* Kaneh. et Sasaki | 樟科 |

形态特征：常绿乔木。叶对生或略对生，叶片厚硬，革质、光滑，卵状椭圆或卵形，基部明显三出脉，先端钝或锐形，基部圆形，网脉上下两面均凸起明显。聚伞花序顶生或腋生。果椭圆形。

习　　性：喜光，适宜半荫环境养护，喜高温多湿的条件，不耐寒。生长环境最好保持较高的空气湿度。

观赏特征：观叶植物，叶片密集、纯绿而富有光泽感，整株具香气。

园林应用：近年在家庭、宾馆、会堂中应用较多，为优良的盆栽观赏植物，也可做庭园树。

13 荷花　　　*Nelumbo nucifera* Gaertn.　　　睡莲科

形态特征：多年生水生植物。根茎（藕）肥大多节，横生于水底泥中。叶盾状圆形，表面深绿色，被蜡质白粉，背面灰绿色，全缘并呈波状。花单生于花梗顶端、高托水面之上，有单瓣、复瓣、重瓣及重台等花型；花色有白、粉、深红、淡紫色或间色等变化；花期 6～9 月，每日晨开暮闭。果熟期 9～10 月。

习　　性：喜相对稳定的平静浅水，非常喜光，生育期需要全光照的环境。极不耐荫，在半荫处生长就会表现出强烈的趋光性。

观赏特征：花大色艳，清香远溢，凌波翠盖，而且有着极强的适应性。

园林应用：既可广植湖泊，蔚为壮观，又能盆栽瓶插，别有情趣。

14 睡莲　　　*Nymphaea tetragona* Georgi　　　睡莲科

形态特征：多年生水生花卉。根状茎粗短。叶丛生，具细长叶柄，浮于水面，纸质或近革质，近圆形或卵状椭圆形，全缘，无毛，叶表面浓绿，幼叶有褐色斑纹，叶背面暗紫色。花单生于细长的花柄顶端，花色多样，漂浮于水面。

习　　性：喜强光，通风良好。喜富含有机质的壤土。

观赏特征：每朵花开 2～5 天，日间开放，夜间闭合，花后结实。10～11 月茎叶枯萎，翌年春季又重新萌发。

园林应用：生于池沼、湖泊中，一些公园的水池中常有栽培。

| 15 王莲 | *Victoria amazonica* Sowerby | 睡莲科 |

形态特征：多年生或一年生大型浮叶草本。叶叶缘直立，叶片圆形，像圆盘浮在水面，直径可达2m以上，叶表面光滑，绿色略带微红，有皱褶，叶背面紫红色，叶子背面和叶柄有许多坚硬的刺。花大，单生，褐绿色，外面全被刺。花果期7～9月。

习　　性：喜高温，生长适温为22～30℃。以肥沃的壤土或腐殖质土最佳，排水、日照需良好。

观赏特征：王莲以巨大的盘叶和美丽浓香的花朵而著称。

园林应用：常植于水池、湖泊中。若将王莲与荷花、睡莲等水生植物搭配布置，将形成一个完美、独特的水体景观。

| 16 南天竹 | *Nandina domestica* Thunb. | 小檗科 |

形态特征：常绿灌木，高约2m。茎直立，少分枝，幼枝常为红色。叶互生，常集于叶鞘；小叶3～5片，椭圆披针形。夏季开白色花，大形圆锥花序顶生。浆果球形，熟时鲜红色，偶有黄色。

习　　性：喜温暖多湿及通风良好的半荫环境。较耐寒。能耐微碱性土壤。喜温暖湿润气候，不耐寒也不耐旱。喜光，耐荫，强光下叶色变红。适宜含腐殖质的沙壤土生长。

观赏特征：茎干丛生，枝叶扶疏，秋冬叶色变红，累累红果，经久不落，为观叶观果佳品。

园林应用：宜丛植于庭园房前，草地边缘或园路转角处。

17 十大功劳　　Mahonia fortunei (Lindl.) Fedde　　小檗科

形态特征：常绿灌木，高达 2m。根和茎断面黄色。一回羽状复叶互生，革质，披针形，侧生小叶片等长，顶生小叶最大，均无柄，先端急尖或渐尖，基部狭楔形，边缘有刺状锐齿。总状花序直立，花瓣黄色。浆果圆形或长圆形，蓝黑色，有白粉。

习　　性：耐荫性能良好，可长期在室内散射光条件下生长。

观赏特征：十大功劳叶形奇特，典雅美观。

园林应用：栽植株可供室内陈设，在庭园中亦可栽于假山旁侧或石缝中。

18 西瓜皮椒草　　Peperomia argyreia E. Morren　　胡椒科

形态特征：多年生常绿草本植物。茎短丛生，叶柄红褐色。叶卵圆形，尾端尖，长约6cm。叶脉由中央向四周辐射，主脉 8 条，浓绿色，脉间为银灰色，状似西瓜皮而得名。

习　　性：喜高温、湿润、半荫及空气湿度较大的环境。耐寒力较差。

观赏特征：西瓜皮椒草株形玲珑，秀叶丛生，形态圆润，绿如翡翠，白若美玉，雅洁娇莹，用作室内装饰植物独具风韵。

园林应用：可作小型盆栽置于茶几、案头。是一种非常适合案头摆设的小型观叶植物，也可作为地被植物。

19 单色鱼木　　　*Crateva unilocularis* Buch.-Ham.　　　白花菜科

形态特征：乔木，小枝灰色，有散生皮孔。指状复叶；小叶 3，纸质，卵形或卵状披针形，先端急尖或渐尖，基部楔形，无毛，侧生小叶偏斜；托叶早落。伞房花序顶生，花瓣叶状，绿黄色转淡紫色。果近球形，幼时光滑，后有淡黄色小斑点。

习　　性：喜光，喜温暖至高温和湿润气候，生活力强。

观赏特征：树形优美，花大美丽。

园林应用：可植于庭园中，或作行道风景树。

20 醉蝶花　　　*Cleome spinosa* Jacq.　　　白花菜科

形态特征：一年生草本，被有粘质腺毛，枝叶具气味。掌状复叶互生，小叶 5～7 枚，长椭圆状披针形，两枚托叶演变成钩刺。总状花序顶生，边开花边伸长，花瓣 4 枚，淡紫色，具长爪。蒴果细圆柱形。

习　　性：喜光，喜温暖干燥环境，略能耐荫，不耐寒，要求土壤疏松、肥沃。

观赏特征：花大美丽，颜色丰富。

园林应用：适于布置花坛、花境或在路边、林缘成片栽植。

21 象腿树　　　*Moringa drouhardii* Jumelle　　　辣木科

形态特征：树杆肥厚多肉，杆基肥大似象腿，叶对生，二回羽状复叶，小叶极细小，椭圆状镰刀形，粉绿至粉蓝色。夏季开花。
习　　性：喜光，喜肥沃、排水良好土壤。
观赏特征：树形奇特，树叶婆娑，为优良观形树种。
园林应用：可作庭园树。

22 羽衣甘蓝　　　*Brassica oleracea* L. var. *acephala* DC. f. *tricolor* Hort.　　　十字花科

形态特征：二年生草本，为食用甘蓝的园艺变种。其叶矩圆状倒卵形，宽大平滑无毛，披白霜，叶缘有细皮状的皱褶，叶柄短而有翼，层层叠叠地抱短茎而生。秋季最初长出的外层叶片粉蓝绿色，冬春季生长的内层叶片，有紫红、粉红、淡黄、蓝绿等色，鲜艳美丽，全株好似一朵盛开的牡丹花。总状花序顶生，果实为角果。
习　　性：喜阳光，喜凉爽，耐寒性较强。
观赏特征：叶色丰富多变，叶形也不尽相同，叶缘有紫红、绿、红、粉等颜色，叶面有淡黄、绿等颜色，观赏期长，是优秀的观赏植物。
园林应用：用于布置花坛，也可盆栽观赏。温暖地区作为冬季花坛的重要材料。

23 三色堇　　Viola tricolor L. var. hortensis DC.　　堇菜科

形态特征：为多年生草本花卉，常作二年生栽培。茎高20cm左右，呈丛生状。基生叶有长柄，叶片近圆心形；茎生叶卵状长圆形或宽披针形，边缘有圆钝锯齿；托叶大，基部羽状深裂。花梗抽生于叶腋间，梗上单生一花，花有五瓣，花瓣覆瓦状排列，距短而钝。

习　　性：较耐寒，喜凉爽。喜肥沃、排水良好、富含有机质的中性壤土或粘壤土。

观赏特征：花多而美丽，色彩丰富艳丽。

园林应用：适于布置花坛、花境。

24 落地生根　　Bryophyllum pinnatum (L. f.) Oken　　景天科

形态特征：肉质草本植物，叶肥厚，单叶互生，全株呈蓝绿色，叶片边缘锯齿处可萌发出两枚对生的小叶，在潮湿的空气中，上下面能长出纤细的气生须根，这小幼芽均匀排列在大叶片的边缘，一触即落，且会落地生根。橙红色的钟形花开得很多，且花期较长。

习　　性：喜光，喜温暖湿润的环境，耐寒，适宜生长于排水良好的酸性土壤中。

观赏特征：花叶均具有较高的观赏价值。

园林应用：常作盆栽观赏。

25 长寿花　　Kalanchoe blossfeldiana Poelln.　　景天科

形态特征：多年生肉质草本。茎直立，叶肉质，交互对生，椭圆状长圆形，深绿色有光泽，边略带红色。圆锥状聚伞花序，花色有绯红、桃红、橙红、黄、橙黄和白等。花冠长管状，基部稍膨大，花期2～5月。

习　　性：喜温暖稍湿润和阳光充足环境。不耐寒，耐干旱。

观赏特征：植株小巧玲珑，株型紧凑，叶片翠绿，花朵密集。

园林应用：是冬春季理想的室内盆栽花卉。

26 松叶牡丹　　Portulaca grandiflora Hook.　　马齿苋科

形态特征：一年生肉质草本。茎细而圆，平卧或斜生，节上有丛毛。叶散生或略集生，圆柱形。花顶生，基部有叶状苞片，花瓣颜色鲜艳，有白、深、黄、红、紫等色。6~7月开花。园艺品种很多，有单瓣、半重瓣、重瓣之分。

习　　性：喜温暖、阳光充足而干燥的环境，阴暗潮湿之处生长不良。极耐瘠薄，能自播繁衍。见阳光花开，早、晚、阴天闭合。

观赏特征：花色丰富、色彩鲜艳。虽是一年生，但自播繁衍能力强，能够达到多年观赏的效果。

园林应用：可作花坛、花境、花丛的镶边材料。

27 珊瑚藤（紫苞藤）　　Antigonon leptopus Hook. et Arn.　　蓼科

形态特征：半落叶性藤本植物，地下根为块状，茎先端呈卷须状。单叶互生，呈卵状心形，叶端锐，基部为心形，叶全缘但略有波浪状起伏。叶纸质，具叶鞘。圆锥花序与叶对生，花有五个似花瓣的苞片组成，桃红色。

习　　性：栽培土质以肥沃之壤土或腐植质壤土为佳，排水、日照需良好，日照不足开花疏而色淡。

观赏特征：花期极长，花密成串，颜色鲜艳，异常美丽。

园林应用：适合花架、绿荫棚架栽植，可作棚架植物，垂直绿化的好材料。

28 大叶红草（红龙草） *Alternanthera dentata* (Moench) Scheygr. 'Ruliginosa' 苋科

形态特征：多年生草本。单叶对生，具长柄，叶色紫红至紫黑色。头状花序密聚成粉色小球，无花瓣。

习　　性：大叶红草生性强健，耐热、耐旱、耐瘠、耐剪。

观赏特征：叶色紫红，为很好的彩叶植物。

园林应用：是模纹花坛常用的彩叶植物，适宜在绿化中成片种植。

红龙草　　　　　　　　　大叶红草

29 鸡冠花 *Celosia cristata* L. 苋科

形态特征：茎红色或青白色；叶互生有柄，叶有深红、翠绿、黄绿、红绿等多种颜色；花聚生于顶部，形似鸡冠，扁平而厚软，长在植株上呈倒扫帚状。花色亦丰富多彩，有紫色、橙黄、白色、红黄相杂等色。花期较长，可从7月开始到12月。

习　　性：喜温暖干燥气候，怕干旱，喜阳光，不耐涝。

观赏特征：花序大而显著，形状特别，色彩鲜艳。

园林应用：适合花坛、花境栽植，还可盆栽。

常见栽培变种：

凤尾鸡冠花 var. *plumosa* Hort. 顶端着生疏松的火焰状大花序；表面似芦花状细穗。花穗丰满，形似火炬，花色多样。

鸡冠花

凤尾鸡冠花

30　千日红　　*Gomphrena globosa* L.　　苋科

形态特征：为一年生直立草本，全株被白色硬毛。叶对生，纸质，长圆形，顶端钝或近短尖，基部渐狭；叶柄短或上部叶近无柄。花夏秋间开放，紫红色，排成顶生、圆球形或椭圆状球形的头状花序；苞片和小苞片紫红色、粉红色或白色。

习　　性：喜炎热干燥气候，不耐寒；喜阳光充足。

观赏特征：花繁色浓，花干后不凋。

园林应用：适合花坛、花境用花或用于种植钵。

31　天竺葵　　*Pelargonium hortorum* Bailey　　牻牛儿苗科

形态特征：多年生草本，茎肉质。叶互生，圆形乃至肾形，通常叶缘内有蹄纹。通体披细毛和腺毛，伞形花序顶生，总梗很长，花色有红、淡红、粉白等色。

习　　性：在富含腐殖质的砂壤土生长良好；喜阳光，好温暖，稍耐旱，怕积水，不耐炎夏的酷暑和烈日的曝晒。

观赏特征：花团锦簇，花期长，花大而美丽。

园林应用：宜作室内外装饰，也可作春季花坛用花。

32 阳桃　　　　　　　　　　Averrhoa carambola L.　　　　酢酱草科

形态特征：灌木或小乔木。奇数羽状复叶，总叶柄及叶轴被毛，有小叶5~9枚，小叶卵形至椭圆形，具短柄，先端渐尖，基部偏斜。总状花序小，腋生。花萼红紫色；花瓣白色至淡紫色。浆果卵形或椭圆形，3~5棱，绿色或绿黄色。

习　　性：喜高温多湿气候，忌寒冷、干旱。喜荫蔽，怕烈日。

观赏特征：为热带果树。树形优美，果形别致，花粉红，观赏价值较高。

园林应用：常栽于庭园中，也可盆栽观花、观果。

33 凤仙花　　　　　　　　　Impatiens balsamina L.　　　　凤仙花科

形态特征：一年生直立肉质草本，叶互生，阔或狭披针形，顶端渐尖，边缘有锐齿，基部楔形；叶柄附近有几对腺体。花大，单朵或多朵簇生于上部叶腋，或呈总状花序，花色有粉红色、水红、白、紫等，单瓣或重瓣。蒴果纺锤形，有白色茸毛。

习　　性：喜阳光，怕湿，耐热不耐寒，适生于疏松肥沃微酸土壤中。生长迅速。

观赏特征：花大而美丽，花色多。

园林应用：可作花坛、花境、花丛栽植，亦可盆栽。

34　新几内亚凤仙花　　Impatiens hawkeri W. Bull　　凤仙花科

形态特征：多年生常绿草本。茎肉质，分枝多。叶互生，有时上部轮生状，叶片卵状披针形，叶脉红色。花单生或数朵成伞房花序，花柄长，花瓣桃红色、粉红色、橙红色、紫红白色等。花期6～8月。
习　　性：以肥沃富含有机质之砂质壤土最佳，排水需良好，排水不良，肥厚多水的茎枝易腐烂。
观赏特征：花色丰富，四季开花，花期长，叶色独具特色。
园林应用：适于盘盒容器，吊篮，花墙，窗盒和阳台栽培。

35　非洲凤仙花　　Impatiens walleriana Hook. f.　　凤仙花科

形态特征：常绿多年生亚灌木花卉，全株肉质，茎具红色条纹，叶有长柄，叶色翠绿有光泽。四季开花，花多，花色丰富。
习　　性：喜温暖、湿润气候，不耐寒，不耐热，怕水涝，喜半荫。
观赏特征：花团锦簇，花期持久，色彩艳丽。
园林应用：可用于花坛、花带、花境、种植钵等。

| 36 细叶萼距花 | *Cuphea hyssopifolia* Kunth. | 千屈菜科 |

形态特征：直立小灌木，植株高 30～60 cm。茎具粘质柔毛或硬毛。叶对生，长卵形或椭圆形，叶细小，顶端渐尖，基部短尖，中脉在下面凸起，有叶柄。花顶生或腋生，紫红色，雄蕊稍突出萼外。
习　　性：易成形，耐修剪。
观赏特征：枝繁叶茂，叶色浓绿，四季常青，且具有光泽，花美丽而周年开花不断。
园林应用：适于花丛、花坛边缘种植，还可作盆栽观赏。

| 37 紫薇 | *Lagerstroemia indica* L. | 千屈菜科 |

形态特征：落叶灌木或小乔木。树皮易脱落，树干光滑，幼枝略呈四棱形。叶互生或对生，近无柄。圆锥花序顶生，花瓣 6，红色或粉红色，边缘有不规则缺刻。蒴果椭圆状球形。
习　　性：喜光，稍耐荫；喜温暖气候，耐寒性不强；喜肥沃、湿润而排水良好的石灰性土壤，耐旱，怕涝。萌蘖性强，生长较慢，寿命长。
观赏特征：树姿优美，树干光滑洁净，花色艳丽。
园林应用：最宜种在庭园及建筑前，也宜种在池畔、路边及草坪上。

38 大花紫薇　　*Lagerstroemia speciosa* (L.) Pers.　　千屈菜科

形态特征：乔木，叶对生，长椭圆形或长卵形，全缘。圆锥花序顶生，花瓣6枚，花冠大，紫或紫红色，花瓣卷皱状；蒴果圆形，成熟时茶褐色。
习　　性：喜温暖湿润，喜阳光而稍耐荫。有一定的抗寒力和抗旱力。喜生于石灰质土壤。
观赏特征：花大而美丽，盛花期满树紫色，非常美观，花期长。
园林应用：适合做庭园绿荫树、行道树。

39 八宝树　　*Duabanga grandiflora* (Roxb. ex DC.) Walp.　　海桑科

形态特征：大乔木，枝四角形，下垂。叶对生，长椭圆形，全缘，基部心形或浑圆。花枝大，为顶生的大型伞房花序，花瓣倒卵形，白色，有波纹；蒴果球形，生于厚革质的萼上。
习　　性：喜光，喜温暖，忌荫蔽。耐高温、暑热，不耐寒冷。
观赏特征：树形高大、美观。
园林应用：适作风景树、行道树。

40 土沉香　　Aquilaria sinensis (Lour.) Gilg.　　沉香科

形态特征：常绿乔木，树皮纤维发达，易剥落。叶革质，椭圆形、卵形或倒卵形，叶柄长，被毛。伞形花序顶生或腋生；花芳香，被柔毛，花瓣10，鳞片状，着生萼管的喉部。蒴果倒卵圆形。
习　　性：喜半荫，喜温暖气候，耐寒力稍差，宜湿润、肥沃、排水良好的土壤。
观赏特征：终年常绿，枝叶繁茂，树姿优雅。
园林应用：可作庭园观赏树和盆栽植物。

41 簕杜鹃（宝巾、光叶子花）　　Bougainvillea glabra Choisy　　紫茉莉科

形态特征：为常绿攀援状灌木。枝具刺。单叶互生，卵形全缘或卵状披针形，顶端圆钝。花顶生，细小，黄绿色，常三朵簇生于三枚较大的苞片内。苞片卵圆形，为主要观赏部位。苞片有鲜红色、橙黄色、乳白色等。
习　　性：喜温暖湿润气候，不耐寒，喜充足光照。耐干旱贫瘠，耐盐碱，忌积水，耐修剪。
观赏特征：花苞片大，色彩鲜艳如花，花期长。
园林应用：宜庭园种植或盆栽观赏。还可作盆景、绿篱及修剪造型。
常见栽培变种：
白斑宝巾 Bougainvillea × buttiana 'Mrs Butt'，与原变种的区别在于叶有白斑。

42 银桦 *Grevillea robusta* A. Cunn. ex R. Br. 山龙眼科

形态特征：大乔木，幼枝被锈色茸毛。叶为2回羽状深裂，裂片 5～10 对，披针形，被毛，边缘背卷。花橙黄色，总状花序。果卵状矩圆形，多少偏斜。种子倒卵形，周边有翅。

习　　性：喜光，喜温暖、凉爽的环境，不耐寒。

观赏特征：树干通直，高大伟岸。

园林应用：宜作行道树、庭荫树。

43 大花第伦桃 *Dillenia turbinata* Fin. et Gagnep. 第伦桃科

形态特征：常绿乔木，小枝初时被绣色粗毛。叶革质，倒卵形或倒卵状长圆形，边缘有疏离小齿，叶柄上面无毛，下面密被绣色粗毛或近无毛。总花梗被黄褐色粗毛，花大、黄色，顶生总状花序；花梗粗壮，密被黄褐色粗毛。果近球形，暗红色。

习　　性：阳性，耐半荫，喜温暖、湿润环境，排水良好的沙质壤土为佳。

观赏特征：树姿优美，叶色青绿，树冠开展如盖，分枝低，花大而美丽。

园林应用：可作热带、亚热带地区的庭园观赏树种、行道树或果树。

44 海桐　　*Pittosporum tobira* (Thunb.) Ait.　　海桐花科

形态特征：常绿灌木或小乔木，叶多数聚生枝顶，单叶互生，有时在枝顶呈轮生状，厚革质狭倒卵形，全缘，边缘常略外反卷。聚伞花序顶生，花白色或带黄绿色，芳香。蒴果近球形，成熟时3瓣裂，果瓣木质；种子鲜红色。

习　　性：喜温暖湿润的气候，喜光，亦较耐荫。对土壤要求不严，萌芽力强，耐修剪。

观赏特征：海桐四季常青而具有光泽，花时香气袭人；秋季蒴果开裂露出鲜红种子，晶莹可爱。

园林应用：在庭园中可植于门旁、窗前，修剪成圆球形。亦可作路边绿篱栽植。

常见栽培变种：

斑叶海桐 'Variegatum' 叶边缘有黄白色斑纹。为观叶树种，适合作绿篱、庭植美化。

45 红木　　*Bixa orellana* L.　　红木科

形态特征：常绿小乔木，小枝被褐色毛。单叶互生，卵形，全缘，掌状脉，先端渐尖，基部心形或平截，下面密被红棕色小点。叶柄长，托叶小，早落。圆锥花序顶生，花淡红色。蒴果扁卵形或扁球形，被软刺，绿色或红紫色。

习　　性：喜温暖、潮湿、充分阳光；要求疏松、腐殖质多的微酸性或中性土壤。

观赏特征：观花植物，适合庭园观赏。

园林应用：在庭园中可植于庭园或草地。

46 百香果（鸡蛋果） *Passiflora edulis* Sims 西番莲科

形态特征：多年生常绿攀缘木质藤本植物。有卷须，单叶互生，具叶柄，其上通常具 2 枚腺体。聚伞花序，花两性，单性，偶有杂性，萼片 5，常成花瓣状。花大，淡红色，微香。肉质浆果。

习　　性：喜光，喜温暖至高温湿润的气候，不耐寒。生长快。

观赏特征：花极美，花期长，量大，果可食用。

园林应用：用于庭园棚架绿化。

47 竹节秋海棠 *Begonia maculata* Raddi 秋海棠科

形态特征：半灌木，全株无毛，茎直立，茎节明显肥厚呈竹节状。叶为偏歪的长椭圆状卵形。叶表面绿色，有多数白色小圆点；叶背面红色，边缘波浪状。假伞形花序，下垂，花暗红或白色。

习　　性：耐荫性好，喜温暖湿润的环境。要求排水良好的肥沃土壤，且较耐寒。

观赏特征：为观干、观叶、观花的佳品。

园林应用：盆栽观赏，也可在庭园中配植。

常见栽培变种：

玫瑰秋海棠（丽格秋海棠） *Begonia* × *elatior*，宿根草本植物。叶心形，边缘有锯齿，复花花序腋生，有小花 20 余朵，单瓣或重瓣。花型花色丰富。为很好的观赏花卉。可用于花坛、花带、花境、种植钵等。

竹节秋海棠

丽格秋海棠

| 48 | 番木瓜 | *Carica papaya* L. | 番木瓜科 |

形态特征：多年生常绿草本果树。叶大，簇生于茎的顶端，有 5～7 掌状深裂。花有单性或完全花，有雄株、雌株及两性株。浆果大，肉质，成熟时橙黄色或黄色，长圆形、倒卵状长圆形、梨形或近球形，果肉柔软多汁，味香甜。种子多数，卵球形，具皱纹。

习　　性：喜炎热及光照，不耐寒，遇霜即凋。根系浅，怕大风，忌积水。对土壤的适应性较强，以肥沃、疏松的砂质壤土生长最好。

观赏特征：株形优美。

园林应用：适作庭园树。可于庭前、窗际或住宅周围栽植。

| 49 | 金琥 | *Echinocactus grusonii* Hildm. | 仙人掌科 |

形态特征：茎球形，深绿色，其上有显著的棱。被金黄色硬刺呈放射状，顶部密生浅黄色绵毛。花着生于茎顶，黄色。果被鳞片及绵毛。种子黑色。

习　　性：喜暖、喜阳、喜干燥，畏寒、忌湿、好生于含石灰的沙质土。

观赏特征：球体浑圆端庄碧绿，刺色金黄，阳光照耀下熠熠生辉。

园林应用：适宜作盆栽观赏。

50　量天尺（霸王花）　　　*Hylocereus undatus* (Haw.) Britt. et Rose　　仙人掌科

形态特征：攀援状灌木，茎三棱柱形，多分枝，刺小或无；具气生根。花大型，外围黄绿色，内白色；萼片基部连合成长管状、有线状披针形大鳞片。肉质浆果。

习　　性：喜温暖湿润和半荫环境，能耐干旱，怕低温霜冻，土壤以富含腐殖质丰富的沙质壤土为好。

观赏特征：株形高大，茎形别致，花大而芬芳，果鲜红久留，花果均可食用。

园林应用：地栽于展览温室的墙角、边地，也可作为篱笆植物，盆栽则可作为嫁接其他仙人掌科植物的砧木。

51　仙人掌　　　*Opuntia strica* Haw:var. *dillenii* (Ker-Gawl.)　　仙人掌科

形态特征：灌木或乔木状，多分枝，基部木质化；茎节扁平、肥厚而绿色；刺窝处着生1～21条针。叶小、呈针状而早落。花着生在茎节的上部；萼片向内渐成花瓣状；花黄色。

习　　性：喜高温、阳光充足，畏涝，耐寒性强。用排水良好的砂质土栽培。

观赏特征：体态奇特，具有很高的观赏价值。

园林应用：作盆栽观赏，或配置于多肉植物专类园。

52 茶梅（小茶梅）　　Camellia sasanqua Thunb.　　山茶科

形态特征：常绿灌木或小乔木。树皮灰白色，嫩枝有粗毛，芽鳞表面有倒生柔毛。叶互生；椭圆形至长圆卵形；先端短尖，边缘有细锯齿；革质，叶面具光泽，中脉上略有毛，侧脉不明显。花白色或红色，略芳香。蒴果球形，稍被毛。

习　　性：喜温暖湿润气候。适生于肥沃疏松、排水良好的酸性砂质土壤中。

观赏特征：株形低矮，叶小枝茂，花色丰富，着花繁多，整簇鲜黄的雄蕊齐集花心，花姿瑰丽。

园林应用：可丛植观赏，也可作基础种植及常绿篱垣材料，亦可盆栽观赏。

53 荷木（木荷、荷树）　　Schima superba Gardn. et Champ.　　山茶科

形态特征：常绿乔木，树皮褐色，深纵裂。叶革质，卵状椭圆形；边缘有钝齿。花白色，单朵腋生或排成短总状花序。蒴果扁球形。

习　　性：喜湿润凉爽环境。较耐寒。喜土层深厚富含腐殖质的酸性土。深根性，抗风能力强。

观赏特征：树冠浑圆，大枝平展成层，叶革质光亮，夏季白花满树，与绿叶相映美丽可观。

园林应用：可作庭荫树及风景树。或可植作防火带树种。

54 肖蒲桃　　Acmena acuminatissima (Bl.) Merr. et Perry　　桃金娘科

形态特征：常绿乔木，嫩枝圆形或有钝棱。叶片革质；卵状披针形或狭披针形，上面干后暗色，多油腺点，侧脉多而密。花白色，聚散花序排成圆锥花序；花序轴有棱。浆果球形，成熟时黑紫色。

习　　性：喜阳光温湿气候，能耐0℃的极端低温及轻霜，忌霜雪。在肥力中等的酸性土壤生长良好。

观赏特征：枝叶茂密，嫩叶变红，具较高观赏价值。

园林应用：可作庭院树及风景树。

55 串钱柳　　*Callistemon viminalis* G. Don ex Loud.　桃金娘科

形态特征：小乔木。树皮灰白色，幼枝被柔毛。叶披针形，柔软，细长如柳，叶片内透明腺点小而多。花鲜红色，穗状花序较稀疏，下垂。

习　　性：喜高温高湿气候。

观赏特征：枝下垂，嫩叶墨绿色，花鲜红色，下垂，非常美丽。

园林应用：常栽植于湖边作观赏树种。

56 黄金串钱柳　　*Callistemon × hybridus* 'Golden Ball'　桃金娘科

形态特征：常绿灌木或小乔木，主干直立，树干暗灰色，枝条细长柔软，嫩枝红色。叶披针形或狭线形，四季金黄色，具有淡淡的芬芳清香。穗状花序，红色。蒴果。夏至秋季开花；秋至冬季果熟。

习　　性：喜光，喜温暖湿润气候。既抗旱又抗涝，又能抗盐碱。可耐 −4℃ 的低温和 42℃ 的高温。抗性强，少病虫害。

观赏特征：以观叶为主，树冠金黄柔美，风格独具。

园林应用：适作庭院树、行道树。

57 水翁　*Cleistocalyx operculatus* (Roxb.) Merr. et Perry　桃金娘科

形态特征：高大乔木，树皮灰褐色，树干多分枝，嫩枝压扁，有沟。叶片薄革质，长圆形至椭圆形，先端急尖或渐尖，两面多透明腺点。圆锥花序生于无叶的老枝上，花小，绿白色，有香味。浆果阔卵圆形，成熟时紫黑色。

习　　性：喜酸性和腐殖质丰富、疏松、肥沃土壤，耐湿性强，喜生于水边，一般土壤可生长；有一定的抗污染能力。

观赏特征：枝叶繁多苍翠，花多而洁白芳香。

园林应用：根系发达，能净化水源，为优良的水边绿化植物，亦可作为固堤植物。

58 柠檬桉　*Eucalyptus citriodora* Hook.f.　桃金娘科

形态特征：大乔木，树干挺直；树皮光滑，灰白色，大片状脱落。幼态叶片披针形，有腺毛，两面有黑腺点，揉之有浓厚的柠檬气味。圆锥花序腋生；花梗有棱；帽状花盖半球形。蒴果壶形，果瓣藏于萼管内。

习　　性：喜光，不耐阴蔽；喜湿热和肥沃土壤；能耐轻霜。

观赏特征：树干挺直，树皮洁白，枝叶芳香，有"林中少女"之美誉。

园林应用：多作行道树或山坡地绿化树种，亦是公共绿化地的优良绿化树种。

59 窿缘桉 Eucalyptus exerta F. Muell. 桃金娘科

形态特征：乔木，树皮宿存，稍坚硬，粗糙，有纵沟，灰褐色；嫩枝有钝棱，纤细，常下垂。幼态叶对生；叶狭披针形。伞形花序腋生；萼管半球形；帽状体长锥形。蒴果近球形，果缘突出萼管。

习　　性：较耐干旱，抗风性较差。

观赏特征：树形高大，有香味。

园林应用：优良的行道树和风景树，也是华南地区常用造林树种。

60 红果仔 Eugenia uniflora L. 桃金娘科

形态特征：灌木或小乔木。叶片纸质，从幼梢至成熟叶，叶色由红渐变为绿，卵形至卵状披针形，有无数透明腺点。花白色，稍芳香，单生或数朵聚生于叶腋。浆果球形，熟时深红色。

习　　性：喜温暖、耐旱；对土壤要求不严，粗生；萌芽力强。

观赏特征：嫩叶红色，果实灯笼状，颜色从淡绿渐变至酱紫色极为美观，为重要的观叶观果植物。

园林应用：常作道旁观赏植物。

61 白千层　　*Melaleuca quinquenervia* (Cav.) S. T. Blake　　桃金娘科

形态特征：乔木，树皮灰白色，厚而松软，呈薄层状剥落；嫩枝灰白色。叶互生，叶片革质，披针形或狭长圆形，多油腺点，香气浓郁；叶柄极短。花白色，密集于枝顶成穗状花序，花序轴常有短毛。蒴果近球形。

习　　性：喜光，喜高温多湿气候，不耐寒，耐水湿，不甚耐旱。抗风，抗大气污染。

观赏特征：树冠椭圆状圆锥形，树姿优美整齐，树皮白色，可层层剥落，且枝叶浓密。

园林应用：适作行道树和园景树。

62 番石榴　　*Psidium guajava* L.　　桃金娘科

形态特征：乔木。嫩枝有棱，被毛。叶片革质，长圆形至椭圆形，背密生柔毛，网状脉在叶表凹入在叶背凸出。花单生或 2~3 朵排成聚伞花序，白色。浆果球形、卵圆形或梨形，顶端有宿存萼片，果肉白色及黄色。

习　　性：喜暖热气候，对土壤要求不严，较耐旱耐湿。

观赏特征：植株四季常青，周年均可开花结果，为重要的观果植物。

园林应用：常作果树，也可作庭院绿化及观赏树种。

63 海南蒲桃（乌墨） *Syzygium cumini* (L.) Skeels 桃金娘科

形态特征：乔木，嫩枝圆形，干后褐色，老枝灰白色。叶片革质，椭圆形，先端急长尖，基部阔楔形，叶面稍有光泽，多腺点，叶背红褐色，侧脉多而密，花小，白色。果序腋生；果实椭圆形或倒卵形，紫色至黑色。

习　　性：喜光，喜温暖至高温湿润气候，不耐干旱和寒冷，对土质要求不严。抗风力强。

观赏特征：树干通直挺拔，枝叶繁茂。

园林应用：为优良庭园绿阴树和行道树。

64 蒲桃 *Syzygium jambos* (L.) Alston 桃金娘科

形态特征：乔木，叶片披针形或长圆形，革质；叶面多透明细小腺点，在下面明显突起，网脉明显。聚伞花序顶生，花白色；花瓣分离；花柱与雄蕊等长。果实球形，果皮肉质，成熟时黄色。种子1～2颗。

习　　性：喜光，喜暖热气候，喜深厚肥沃土壤。喜水湿，不耐干旱和贫瘠。

观赏特征：根系发达，枝叶茂密。

园林应用：宜在水边、草坪、绿地作风景树和绿荫树。

| 65 | 洋蒲桃 | *Syzygium samarangense* (Bl.) Merr. et Perry 桃金娘科 |

形态特征：乔木。叶片薄革质，椭圆形至长圆形；上面干后变黄褐色，下面多细小腺点，有明显网脉；叶柄极短。聚伞花序顶生或腋生，有花数朵；花白色。果实梨形或圆锥形，肉质，洋红色，有宿存的肉质萼片。
习　　性：喜光，喜暖热气候，喜深厚肥沃土壤。喜水湿，不耐干旱和贫瘠。
观赏特征：树冠广阔，四季常青，花期绿叶白花，果期绿叶红果，为美丽的观果植物。
园林应用：宜在广场或水边种植，也作行道树。

| 66 | 银毛野牡丹 | *Tibouchina aspera* Aubl. var. *asperrima* Cogn. 野牡丹科 |

形态特征：常绿灌木，冠开展，茎直立，多数。叶柔软，阔卵形，表面绿色，背面灰绿色，多绒毛。圆锥花序直立，顶生，花为紫罗兰色。
习　　性：喜阳光，生性极强健，适宜所有排水性良好的土壤，耐高温，抗寒性强。
观赏特征：叶色独特，花大艳丽，花期长，为美丽的观花植物。
园林应用：适合在庭园中列植或丛植。

67 巴西野牡丹 *Tibouchina semidecandra* (Schrank et Mart. ex DC.) 野牡丹科

形态特征：常绿灌木，叶椭圆形，两面具细绒毛。花顶生，大型，5瓣，刚开的花呈现深紫色，开了一段时间的则呈现紫红色，中心的雄蕊白色且上曲。

习　　性：性喜高温，极耐旱和耐寒。

观赏特征：紫红色的花和白色花蕊相映成趣，为美丽的观花植物。

园林应用：适合在庭园中列植或丛植，或作盆栽观赏。

68 使君子 *Quisqualis indica* L. 使君子科

形态特征：落叶木质藤本。叶对生，长圆形或椭圆形，两面有黄褐色短柔软毛，叶柄基部宿存呈硬刺状。顶生或腋生的穗状花序，花初开时呈白色，后变为淡红至红色。核果橄榄状，成熟时黑色。

习　　性：喜光，喜高温多湿气候，耐半荫，但日照充足开花更繁茂，不耐寒，不耐干旱。在肥沃富含有机质的沙质土壤上生长最佳。

观赏特征：花期长，花色明艳，花繁叶茂，十分美丽。

园林应用：为优良的垂直绿化植物，宜植于花廊、棚架、花门和栅栏等地方。

69 阿江榄仁　　*Terminalia arjuna* Wight et Arn.　　使君子科

形态特征：落叶乔木。叶片长卵形，冬季落叶前，叶色不变红。核果果皮坚硬，近球形，有5条纵翅。
习　　性：喜光，喜温暖至高温湿润气候，深根性，抗风，耐湿，耐半荫。
观赏特征：树形优美。
园林应用：宜作园景树或行道树。

70 小叶榄仁（非洲榄仁）　　*Terminalia mantalyi* H. Perrier　　使君子科

形态特征：落叶乔木。大枝平展或斜向上伸展，小枝纤细，无毛。单叶簇生，倒披针形，先端浑圆，基部楔形，边缘有不明显的细齿，侧脉脉腋有腺窝，两面无毛。花单性，无花瓣。
习　　性：喜光，耐半荫，喜高温多湿气候，不择土壤。深根性，抗风，耐湿，抗大气污染。
观赏特征：树形优美，大枝横展，树冠塔形，春季新叶翠绿，秋季叶变红。
园林应用：为优美的行道树和风景树。
常见栽培变种：
三色小叶榄仁（银叶诃子）'Tricolor'，与原变种的主要区别在于叶面淡绿色，具乳白或乳黄色斑，新叶呈粉红色。树冠侧枝层次分明，全株似雪花披被，颇为壮观，风格独特。宜作行道树和园景树。

三色小叶榄仁　　小叶榄仁

71 菲岛福木　　　*Garcinia subelliptica* Merr.　　　藤黄科

形态特征：常绿乔木。叶对生，长椭圆形，厚革质，表面暗绿有光泽，背面黄绿色，脉不明显。雌雄异株，花序穗状，雄蕊多数，黄白色。核果球形，熟时黄色。
习　　性：喜光，喜温暖湿润气候，耐旱及耐盐性皆佳，抗风力强。
观赏特征：树干通直，小枝粗硬，树形常呈塔形，刚健优美，终年常绿。
园林应用：常作为庭园、行道树及防风林树种。

72 水石榕　　　*Elaeocarpus hainanensis* Oliver　　　杜英科

形态特征：常绿乔木，分枝假轮生。叶革质，倒披针形。花冠白色，花瓣有流苏状边缘。核果纺锤形，两端尖，绿色。
习　　性：喜半荫，喜高温多湿气候，不耐干旱，喜湿但不耐积水，须植于湿润而排水良好之地，喜肥沃和富含有机质的土壤。深根性，抗风力强。
观赏特征：分枝多而密，树冠呈圆珠笔状锥形。花期长，花冠洁白淡雅。
园林应用：适宜作庭园风景树。

| 73 | 尖叶杜英 | *Elaeocarpus apiculatus* Mast. | 杜英科 |

形态特征：常绿乔木，有板根，分枝呈假轮生状。叶革质，倒披针形。总状花序生于分枝上部叶腋，花冠白色，花瓣边缘流苏状，芳香。核果圆球形，绿色。

习　　性：喜光，喜高温多湿气候，不耐干旱和贫瘠，喜肥沃湿润、富含有机质的土壤。深根性，抗风力强。

观赏特征：大枝轮生，形成塔形树冠，盛花期一串串总状花序悬垂于枝梢，散发阵阵幽香；盛夏以后又是硕果累累，给人以充实的感觉。

园林应用：为优良木本花卉、园林风景树和行道树。

| 74 | 假苹婆 | *Sterculia lanceolata* Cav. | 梧桐科 |

形态特征：常绿乔木，有板根。叶披针形或椭圆披针形，叶柄两端肿大。圆锥花序腋生，花杂性，花萼淡红色，无花瓣。蓇葖果成熟时鲜红色，顶端有喙，密背短柔毛。

习　　性：喜光，喜温暖多湿气候和土层深厚湿润富含有机质的土壤，不耐干旱，不耐寒。

观赏特征：树冠广阔，树姿优雅，蓇葖果色泽明艳。

园林应用：适作园林风景树和绿荫树。

75 苹婆　　*Sterculia nobilis* Smith　　梧桐科

形态特征：常绿乔木，树皮褐黑色，幼枝疏生星状毛，后变无毛。叶倒卵状椭圆形。花序下垂，花萼粉红色，裂片条状披针形。蓇葖果密被短绒毛，果皮革质，暗红色。

习　　性：喜光，适宜排水良好肥沃的土壤，酸性、中性及石灰性土壤均可生长。

观赏特征：树冠宽阔浓密，蓇葖果鲜红，果实可食。

园林应用：宜作庭园风景树和行道树。

76 马拉巴栗（发财树）　　*Pachira macrocarpa* (Champ. et Schltdl.) Walp.　　木棉科

形态特征：常绿乔木。干基肥大，肉质状。掌状复叶，长椭圆形或披针形。花瓣淡绿色，反卷。蒴果木质，内有长绵毛。

习　　性：喜光，耐荫，喜高温多湿气候，耐旱，不耐寒。对土壤要求不严，以肥沃壤土为佳。

观赏特征：树型美丽，花大色艳。

园林应用：是一种良好的庭园观赏树木。常作室内盆栽植物。

77 木棉　　Bombax ceiba L.　　木棉科

形态特征：落叶乔木，树冠伞形。大枝轮生呈水平伸展，树干具板根和粗短的圆锥状刺。掌状复叶。花大，红色，单生，数朵聚生近枝端。蒴果。

习　　性：喜光，喜温暖气候，耐旱。对土壤要求不严。深根性，抗风，抗大气污染。速生。

观赏特征：树形高大雄伟，高耸挺拔，树冠整齐壮丽。春季红花满树；夏季绿荫如盖；秋冬季落叶前变黄。

园林应用：可作行道树或庭园树。

78 爪哇木棉（美洲木棉）　　Ceiba pentandra (L.) Gaertn.　　木棉科

形态特征：大乔木。大枝轮生，平展，树皮无皮刺或仅具稀疏的皮刺。掌状复叶，长圆状披针形。花多数簇生叶腋；花瓣密被白色长柔毛。蒴果长圆形。

习　　性：喜光，不耐寒，喜暖热湿润气候及肥沃土壤。

观赏特征：树形优美，四季常青。

园林应用：宜作园景树。

79　美洲木棉（美人树）　　　　*Chorisia speciosa* St.Hil.　　　　木棉科

形态特征：树干挺拔，树皮绿色光滑，有瘤状刺。掌状复叶；小叶椭圆形，叶缘有细锯齿。花单生叶腋或总状花序；花瓣淡紫色或红色，基部中央黄色或全白色。蒴果纺锤形。
习　　性：性喜高温、多湿，怕积水，栽培地排水要良好，日照要充足，对栽培土质要求不严。
观赏特征：树姿优美，花色艳丽，冬季盛花。
园林应用：优良的观花行道树。

80　木芙蓉　　　　*Hibiscus mutabilis* L.　　　　锦葵科

形态特征：落叶灌木或小乔木。茎具星状毛及短柔毛。叶广卵形，叶缘有浅钝齿，两面均有星状毛。花大，单生枝端叶腋，花冠淡红色，花梗近基部略膨大有关节。蒴果扁球形。
习　　性：喜光，稍耐荫，喜温暖气候，不耐寒冷。喜肥沃湿润而排水良好的中性或微酸性沙质土壤。
观赏特征：花期长，花大色艳，花色可变化。
园林应用：宜植于池边、沟边和建筑物周围。

81 朱槿（大红花） *Hibiscus rosa-sinensis* L. 锦葵科

形态特征：灌木。叶广卵形，缘有粗齿，基部近圆形且全缘，两面无毛或背面沿脉有疏毛。花冠通常鲜红色，雄蕊柱和花柱长，伸出花冠外，近顶端有关节。蒴果卵球形。
习　　性：喜光，喜温暖湿润气候，不耐寒。喜肥沃湿润而排水良好的土壤。
观赏特征：花色鲜艳，花大形美，花开不绝，是著名的观赏花木。
园林应用：适于道路两旁及庭园和水滨绿化，也可盆栽观赏。
常见栽培变种：
锦叶扶桑（彩叶扶桑）'Cooper' 叶片色彩有白、红、黄、淡绿等斑纹变化。花小，朱红色，花期长。叶片色彩多变，是很好的彩叶植物。可种植于路边绿地、分车带及庭园、水滨等处，也可盆栽观赏。

锦叶扶桑　　　　　　朱槿

82 吊灯花（拱手花篮） *Hibiscus schizopetalus* (Masters) Hook.f. 锦葵科

形态特征：灌木。枝条细长拱垂，光滑无毛。叶椭圆形，基部有关节。花大而下垂，花瓣红色，深细裂成流苏状，反卷，雄蕊柱长而突出。蒴果。
习　　性：喜光，喜温暖多湿气候，极不耐寒，耐干旱，抗大气污染。对土质要求不严。
观赏特征：花期长，花姿美艳，是极美丽的观赏植物。
园林应用：盆栽观赏，在园林中可作绿篱，也可丛植，孤植。

83 黄槿 Hibiscus tiliaceus L. 锦葵科

形态特征：灌木。叶广卵形，背面灰白色并密生柔毛。花黄色，总苞状副萼基部合生。蒴果卵形，被柔毛。
习　　性：喜光，喜温暖湿润气候，适应性特强，耐寒，耐干旱，耐瘠薄，耐盐，抗风，抗大气污染，生长快。
观赏特征：树冠圆伞形，枝叶繁茂，花多色艳，花期长，为常见的木本花卉。
园林应用：宜作庭园风景树或行道树，尤其适于作为海岸地带防风固沙林树种。

84 悬铃花 Malvaviscus arboreus Cav. var. penduliflorus (DC.) Schery 锦葵科

形态特征：灌木。单叶互生，卵状披针形，有时浅裂，叶形变化较多，叶面具星状毛。花冠红色，不张开，下垂。浆果。
习　　性：喜光，喜温暖高温和湿润气候，适应力强，耐干旱，耐半荫，不甚耐寒，抗大气污染，对土质要求不严。
观赏特征：花期甚长，美丽，着花多，花瓣不张开，形似倒挂的红铃，在盛花期尤为艳丽夺目。
园林应用：庭园和绿地栽培，也可用于道路绿化。

| 85 | 红桑 | *Acalypha wilkesiana* Muell. Arg. | 大戟科 |

形态特征：常绿灌木，分枝茂密。叶互生，宽卵形，红色、绛红色或红色带紫斑。雌雄同株异序，雄花序淡紫色。
习　　性：喜光，喜温暖多湿气候，极耐干旱，忌水湿，不耐严寒。
观赏特征：植株矮小，叶片密集，叶色古铜，殊为美艳，为美丽的观叶植物。
园林应用：适合作庭植、盆栽或绿篱。
常见栽培变种：
a. 镶边旋叶铁苋 'Hoffmanii' 叶基心形有明显卷曲；叶缘锯齿状，镶着白边且旋扭成波状，幼枝则具有白色刚毛。叶色青翠镶着锯齿状的白边加上扭转的叶片，好似翩翩起舞的舞衣。适合作庭植、盆栽或绿篱。
b. 金边红桑（金边桑）'Marginata' 叶卵形上面浅绿色或浅红至深红色，叶缘乳黄色或橘红色。叶在秋、冬季变深红色，成为美丽的"红叶植物"。适合作庭植、盆栽或绿篱。

| 86 | 石栗 | *Aleurites moluccana* (L.) Willd. | 大戟科 |

形态特征：乔木。幼枝、花序及幼叶均被浅色星状毛。叶互生，卵形；基部有两浅红色小腺体。花小，乳白色。核果肉质，近球形，外被星状毛。
习　　性：喜光，喜暖湿气候，不耐寒。深根性，生长快。对土壤要求不严。
观赏特征：树冠圆锥状塔形，绿荫常青。抗大气污染。
园林应用：宜作行道树和绿荫树。

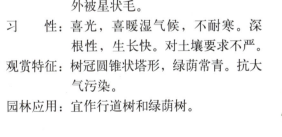

87 秋枫　　*Bischofia javanica* Bl.　　大戟科

形态特征：常绿乔木。三出复叶，小叶卵形，革质，叶缘具粗钝锯齿。圆锥花序。核果球形，熟时淡褐色。

习　　性：喜光，耐水湿，稍耐寒，对土壤要求不严。

观赏特征：枝叶繁茂，树冠圆盖形。

园林应用：为优良的行道树、园景树。

88 重阳木　　*Bischofia polycarpa* (Lévl.) Airy Shaw　　大戟科

形态特征：落叶乔木。3出复叶，小叶卵形，纸质，缘有细钝齿，先端突渐尖，基部圆形或近心形。总状花序。核果熟时红褐色。

习　　性：喜光，稍耐荫，喜温暖气候。对土壤要求不严，在湿润肥沃土壤中生长最好，能耐水湿。抗风力强。

观赏特征：枝叶繁茂，树冠圆盖形，树姿壮观，春季发出大量新叶，青翠悦目。

园林应用：为优良的园林风景树、绿化树和行道树。

89 变叶木（洒金榕） *Codiaeum variegatum* (L.) A. Juss. 大戟科

形态特征：常绿灌木。单叶互生，羽状脉，叶片形状、大小、色泽因品种不同有很大变异。总状花序，雄花白色，雌花淡黄色。蒴果球形，暗褐色。

习　　性：喜温暖湿润气候，不耐霜冻，喜光。

观赏特征：叶色、叶形及花纹多变，为很好的观叶植物。

园林应用：丛植或作绿篱，也可盆栽观赏或作插花的配叶材料。

其它常见栽培变种：

a. 撒金变叶木 'Aucubaefolium' 条形至矩圆形多变，叶片有黄有绿，叶面布满了金黄色细雨似的斑点。

b. 彩霞变叶木 'Indian Blanket' 叶片大，卵圆形至宽披针形，新叶金黄色，或具黄色或紫红色叶脉，叶背呈红色晕彩。

c. 仙戟变叶木 'Excellent' 叶片戟形，叶面深绿色至墨绿色，叶脉及叶缘金色或为桃红色纹，乃至全叶金黄色，色彩多变，绚烂无比。

d. 嫦娥绫变叶木 'Tortilis Major' 叶中脉及叶缘黄色，长披针形，深绿色，端部扭曲。

e. 蜂腰变叶木 var. *pictum* (Lodd.) Muell. Arg. f. *appendiculatum* Pax，叶带形，分成两段，中间仅以叶脉相连，似黄蜂细腰，叶色暗紫红色或墨绿色。

变叶木

撒金变叶木

仙戟变叶木

彩霞变叶木

蜂腰变叶木

90 火殃勒 Euphorbia neriifolia L. 大戟科

形态特征：肉质灌木状小乔木。茎常三棱状，上部多分枝，棱脊3条，薄而隆起，边缘具明显的三角状齿。叶互生于齿尖，倒卵形或倒卵状长圆形，两面无毛，叶脉不明显，托叶刺状，宿存。花序单生于叶腋，花柄较长，常伸出总苞之外；蒴果三棱状扁球形。

习　　性：喜高温气候。要求光照充足。耐干旱。喜排水良好的砂质壤土。

观赏特征：生长高大，刚劲有力，四季常青。

园林应用：适作庭园树栽培，或作篱笆，也可盆栽。

91 金刚纂 Euphorbia antiquorum L. 大戟科

形态特征：肉质灌木或乔木，含白色乳汁。树皮灰白色，有浅裂纹。老枝圆柱状，或钝三至六角形；小枝有3～5条厚而作波浪形的翅，翅的凹陷处有一对利刺。单叶互生，具短柄，由翅边发出，肉质，倒卵形，先端浑圆，全缘，基部楔形，上面深绿色，下面较浅。聚伞花序由3个总苞构成，花单性，无花被。蒴果。

习　　性：喜高温气候。要求光照充足。耐干旱。喜排水良好的砂质壤土。

观赏特征：生长高大，刚劲有力，四季常青。

园林应用：适作庭园树栽培，或作篱笆，也可盆栽。

| 园林植物 | 51

92　肖黄栌（红乌桕、紫锦木）　　Euphorbia cotinifolia L.　　大戟科

形态特征：小乔木，植物体有乳汁。小枝及叶片均为暗紫红色。单叶常3枚轮生，卵形，具长柄。花序成伞状，黄白色，花冠皿形，花瓣具盘状蜜腺。蒴果。
习　　性：喜光及排水良好的土壤。耐半荫和耐贫瘠。
观赏特征：常年红叶，浓艳华丽，可与万绿丛林相映成景，为著名红叶观赏植物。
园林应用：适宜在园林中点缀草坪或植于水滨，也可盆栽观赏。

93　铁海棠（虎刺梅、麒麟花）　　Euphorbia milii Ch. Des Moulins　　大戟科

形态特征：茎直立具纵棱，其上生硬刺，排成5列。嫩枝粗，有韧性。叶仅生于嫩枝上，倒卵形，先端圆而具小凸尖，黄绿色。花绿色，总苞偏鲜红色，扁肾性。
习　　性：喜高温，不耐寒，喜强光，不耐干旱及水涝，喜肥沃、排水良好的土壤。
观赏特征：株形奇特，花艳叶茂。
园林应用：是良好的盆栽花卉，也可在庭园中栽培。

94 一品红　　Euphorbia pulcherrima Willd.　　大戟科

形态特征：灌木。植物体有乳汁。叶互生，卵状椭圆形，生于枝端的叶状苞片长圆至披针形，花开时呈朱红色。杯状聚伞花序，黄绿色。

习　　性：喜光，喜温暖湿润气候。喜排水良好肥沃之土壤。

观赏特征：花期长，正值圣诞节和元旦开花。黄绿色的杯状聚伞花序为红色的叶状苞片所衬托，格外辉煌灿烂。

园林应用：宜植于花坛或在庭园中列植或丛植，也可盆栽。

95 红背桂　　Excoecaria cochinchinensis Lour.　　大戟科

形态特征：常绿灌木，枝具多数皮孔。叶对生，纸质，叶片狭椭圆形或长圆形，边缘有锯齿，腹面绿色，背面紫色或血红色，中脉于两面均凸起。花单性，雌雄异株，总状花序。蒴果球形。

习　　性：喜光，喜温暖至高温湿润气候，耐干旱，忌阳光曝晒，不耐寒。土质以富含有机质、肥沃的和排水良好的沙质土壤为佳。

观赏特征：叶表面亮绿色，背面紫红色，是很好的观叶植物。

园林应用：适宜植于庭园、屋隅、墙旁以及阶下等处。

| 96 琴叶珊瑚 | *Jatropha pandurifolia* Andr. | 大戟科 |

形态特征：常绿灌木，植物体有乳汁。单叶互生，倒阔披针形，常丛生于枝条顶端。叶基有 2～3 对锐刺，叶端渐尖，叶面为浓绿色，叶背为紫绿色，叶柄具茸毛。花单性，雌雄同株，着生于不同的花序上，聚伞花序，花冠红色。蒴果。

习　　性：性喜高温、高湿，阳光充足的气候环境，喜肥沃的酸性土壤，忌荫蔽、耐瘠薄、耐干旱，生长适温 15～30℃。

观赏特征：一年四季都有花，而且花色艳丽，是很好的观花植物。

园林应用：适合在庭院中孤植、片植或作高篱。

| 97 红雀珊瑚 | *Pedilanthus tithymaloides* (L.) Poir. | 大戟科 |

形态特征：肉质性小灌木，树形似珊瑚，茎绿色，常呈"之"字形弯曲生长，肉质，含白色有毒乳汁。叶互生，卵状披针形，革质，边缘波形，中脉突出在下面呈龙骨状。杯状花序排列成顶生聚伞花序，总苞鲜红色，左右对称。

习　　性：性喜温暖，适生于阳光充足而不太强烈且通风良好之地。喜排水良好、肥沃的砂质壤土。

观赏特征：姿态优美，终年常青。花期长，总苞鲜红色，形似小鸟的头冠，美丽秀雅。

园林应用：适合庭植美化或盆栽。

常见栽培变种：

斑叶红雀珊瑚 'Variegatus' 与原种的不同之处是茎叶有乳白色斑纹。

斑叶红雀珊瑚

红雀珊瑚

98 绣球花　　Hydrangea macrophylla (Thunb.) Ser.　　蔷薇科

形态特征：落叶灌木，枝条开展，冬芽裸露。叶对生，卵形至卵状椭圆形，表面暗绿色，背面被有星状短柔毛，叶缘有锯齿。花于枝顶集成大球状聚伞花序，边缘具白色中性花，全部为不孕花。

习　　性：性喜温暖、湿润和荫环境。怕旱又怕涝，不耐寒。土壤以疏松、肥沃和排水良好的砂质壤土为好。

观赏特征：其伞形花序如雪球累累，簇拥在椭圆形的绿叶中，具有很高的观赏价值。

园林应用：适合庭园栽植。

99 桃树　　Amygdalus persica L.　　蔷薇科

形态特征：落叶乔木。冬芽圆锥形，外被短柔毛。叶片椭圆状披针形，上面无毛，下面在脉腋间具少数短柔毛或无毛，叶缘有细锯齿，叶柄常具腺体。花单生，先于叶开放，粉红色。核果卵球形，表面密披绒毛，腹缝明显。

习　　性：喜光，耐旱，不耐水湿，有一定的耐寒力，喜肥沃而排水良好的土壤。

观赏特征：枝干扶疏，花朵丰腴，色彩艳丽，为早春重要观花树种。在园林中常以桃、柳间植于水滨，形成"桃红柳绿"之景色。

园林应用：适合庭园栽植。

| 园林植物 | 55

100 春花（石斑木）　　　*Raphiolepis indica* (L.) Lindl.　　　蔷薇科

形态特征：常绿灌木，幼枝初被褐色绒毛。叶片革质，集生于枝顶，卵形或长圆形，边缘具细钝锯齿，叶背网脉明显。顶生圆锥花序或总状花序，总花梗和花梗被锈色绒毛，花小，花冠白色，中心淡红色或橙红色。梨果紫黑色。

习　　性：喜半荫，喜温暖湿润气候，耐干旱和瘠薄，土质以富含有机质之沙质土壤为佳。

观赏特征：花多而色美，在春季万物苏醒之时，它已花开灿烂。为良好的木本花卉。

园林应用：适合作绿篱、庭园美化、盆栽；可单植、列植或丛植。

101 月季　　　*Rosa chinensis* Jacq.　　　蔷薇科

形态特征：常绿或半常绿直立灌木，有短粗的钩状皮刺或无刺。小叶3～5，广卵形至卵状椭圆形，先端尖，缘有锐锯齿，叶柄和叶轴散生皮刺和短腺毛。花常数朵集生，萼片常羽裂，缘有腺毛，花瓣重瓣至半重瓣，红色、粉红色至白色。果卵球形或梨形，红色。

习　　性：喜光，对环境适应性较强，对土壤要求不严，以富含有基质、排水良好而微酸性土壤最好。

观赏特征：花色艳丽，花期很长，为极好的观花灌木。

园林应用：适合在草坪、园路角隅、庭院、假山等处配植，也可做盆栽和切花。

102 大叶相思　　Acacia auriculiformis A. Cunn. ex Benth.　含羞草科

形态特征：常绿乔木，枝条下垂，树皮灰褐色。幼苗具羽状复叶，后退化为叶状柄，叶状柄互生，上弦月形，上缘弯，下缘直，全缘，具纵平行脉3～7条。穗状花序簇生于叶腋或枝顶，花橙黄色。荚果成熟时旋卷。

习　　性：喜温暖，对立地条件要求不严，耐旱瘠，在酸性沙土和砖红土壤上生长良好。

观赏特征：树冠婆娑，四季常青，花时满树金黄，甚为美观。

园林应用：适合做行道树、四旁和公路绿化树种。

103 台湾相思　　Acacia confusa Merr.　含羞草科

形态特征：常绿乔木，枝灰色或褐色。幼苗具羽状复叶，后退化为叶状柄，叶状柄革质，披针形，直或微呈弯镰状，两端渐狭，先端略钝，具纵平行脉3～5条。头状花序球形，单生或2～3个簇生于叶腋，花黄色，有微香。荚果扁平带状，于种子间微缢缩。

习　　性：喜暖热气候，亦耐低温，喜光，亦耐半荫，耐旱瘠土壤，在湿润疏松微酸性或中性壤土或砂壤土上生长最好。

观赏特征：树冠婆娑，叶形奇异，花黄色、繁多，盛花期一片金黄，颇为壮观。

园林应用：适宜园林布置、道路绿化。

104 马占相思　　*Acacia mangium* Willd.　　含羞草科

形态特征：常绿乔木，树皮粗糙，主干通直，小枝有棱。叶状柄纺锤形，中部宽，两端收窄，纵向平行脉4条。穗状花序腋生，下垂；花淡黄白色。荚果扭曲。

习　　性：喜光，喜温暖湿润气候，不耐寒。耐贫瘠土壤。

观赏特征：树形整齐美观，树干通直，叶型奇特。

园林应用：适合做行道树和公路绿化树种。

105 海红豆　　*Adenanthera pavonina* L. var. *microsperma* (Teijsm. et Binnend) Nielsen　　含羞草科

形态特征：落叶乔木，树冠伞状半圆形。二回羽状复叶，叶柄和叶轴被微柔毛，羽片4~12对，对生或近对生，每羽片有小叶8~18片，互生，矩圆形或卵形，两面均被微柔毛。总状花序，花小，白色或黄色，有香味。荚果带状而扭曲。

习　　性：喜温暖湿润气候，喜光，稍耐荫。对土壤要求不严，喜土层深厚、肥沃、排水良好的沙壤土。

观赏特征：树姿优雅，叶色翠绿雅致，冬季凋零，初春吐绿，种子鲜红美丽。

园林应用：适合庭园绿化，是优良的观果园景树。

106 南洋楹　　*Albizia falcataria* (L.) Fosberg　　含羞草科

形态特征：常绿大乔木，树冠伞状半球形。二回偶数羽状复叶，羽片 11～20 对，小叶 10～21 对棱状长圆形，中脉稍偏上缘，两面无毛。叶柄中部有大腺体 1 枚，叶轴上有腺体 3～4 枚。穗状花序腋生，花淡白色。荚果条形，开裂。

习　　性：喜暖热多雨气候及肥沃湿润土壤，在干旱瘠薄、粘重土壤及低洼积水地生长不良。不抗风。

观赏特征：树干高耸，树冠绿荫如伞，蔚然壮观。

园林应用：适合作庭园风景树和绿荫树。

107 美蕊花（朱缨花）　　*Calliandra haematocephala* Hassk.　　含羞草科

形态特征：常绿灌木。二回羽状复叶，羽片 1 对，小叶 7～9 对，斜披针形，中上部的小叶较大，下部的较小，中脉略偏上缘，叶轴及背面主脉被柔毛。头状花序腋生，花丝伸出，红色，状如红绒球。荚果条形。

习　　性：喜温暖湿润气候，喜光，稍耐荫。对土壤要求不严，但忌积水。

观赏特征：枝叶扩展，花色鲜红又似绒球状，在绿叶丛中夺目宜人。

园林应用：宜于园林中做添景孤植、丛植，又可做绿篱和道路分隔带。

108 红花羊蹄甲　　*Bauhinia blakeana* Dunn　　苏木科

形态特征：乔木。叶互生，革质，近圆形或阔心形，基部浅心形，先端2裂达叶长的1/4～1/3，状如羊蹄，基出脉9条。总状花序顶生或腋生，花冠紫红色，花5瓣，其中4瓣分列两侧，两两相对，而另一瓣则翘首于上方。不结果。

习　　性：喜光，喜温暖至高温湿润气候，适应性强，耐寒，耐干旱和瘠薄，对土质要求不严，不抗风。

观赏特征：树冠平展如伞，枝桠低垂，叶形奇特，花大色艳，花期长。

园林应用：可作行道树或庭园风景树。

109 首冠藤　　*Bauhinia corymbosa* Roxb. ex DC.　　苏木科

形态特征：常绿木质藤本。有单一或成对的卷须。叶纸质，近圆形，自先端深裂达叶长的3/4，基部近截平或浅心形，基出脉7条。总状花序顶生于侧枝上，花瓣白色，有粉红色脉纹，具芳香。荚果带状长圆形。

习　　性：喜光，喜温暖至高温湿润气候，适应性强。

观赏特征：花期长，花多而密，色彩淡雅，为良好的垂直绿化植物。

园林应用：适合栅栏边、墙垣、棚架等绿化，也适合庭院的廊架栽培观赏。

110 羊蹄甲　　*Bauhinia purpurea* L.　　苏木科

形态特征：乔木。叶近革质，广卵形至近圆形，先端分裂达叶长的1/3～1/2，基出脉9～11条，两面无毛。伞房花序顶生，花玫瑰红色，有时白色，花萼裂为几乎相等的2裂片，花瓣倒披针形。荚果带状，扁平。

习　　性：喜光，喜温暖气候，喜肥沃湿润的酸性土，耐水湿，但不耐干旱。

观赏特征：树冠美观，枝桠低垂，叶形奇特，花大而艳丽，花期长，是很有特色的树种。

园林应用：适合作庭院树、风景树或行道树。

111 宫粉羊蹄甲（洋紫荆）   *Bauhinia variegata* L.   苏木科

形态特征：半常绿乔木，叶革质较厚，圆形至广卵形，宽大于长，叶基圆形至心形，有时近截形，先端2裂达叶长的1/3，基出脉11～15条。伞房状花序，花粉红色，花瓣最上一枚有红色或黄色条纹，花萼裂成佛焰苞。荚果扁条形。

习　　性：喜光，喜温暖至高温湿润气候，耐干旱和瘠薄，对土质要求不严，不抗风。

观赏特征：盛花时叶较少，整树粉红色的花，颇为美丽。

园林应用：适合作庭院树、园林风景树或行道树。

112 洋金凤（金凤花）   *Caesalpinia pulcherrima* (L.) Sw.   苏木科

形态特征：大灌木或小乔木。枝光滑，散生疏刺。二回羽状复叶，羽片4～8对，对生，小叶7～11对，近无柄，长圆形或倒卵形。为疏散的伞房花序，顶生或腋生，花瓣橙红色或黄色，边缘皱波状，有明显爪。荚果扁平。

习　　性：喜光，喜温暖湿润气候，稍耐荫，不耐干旱。以排水良好、富含腐殖质、微酸性土壤为佳。

观赏特征：树姿轻盈婀娜，花色艳丽，花期长，是很好的观花植物。

园林应用：丛植或成带状植于花篱、花坛及庭院。

113 翅荚决明　　　*Cassia alata* L.　　　苏木科

形态特征：灌木。一回羽状复叶，在靠腹面的叶柄和叶轴上有二条纵棱条，有狭翅。小叶 6～12 对，薄革质，倒卵状长圆形或长圆形，顶端圆钝而有小短尖头，基部斜截形，下面叶脉明显凸起。总状花序顶生或腋生，花梗甚长，花瓣黄色，有明显的紫色脉纹。荚果圆柱形，有翅。
习　　性：喜光、喜温暖湿润气候。以疏松、肥沃、排水良好的沙质壤土为佳。
观赏特征：花色金黄灿烂，花期长，是很好的观花植物。
园林应用：适于庭植或作行道树。

114 双荚决明　　　*Cassia bicapsularis* L.　　　苏木科

形态特征：半落叶灌木，多分枝。羽状复叶，有小叶 3～4 对，小叶倒卵形或倒卵状长圆形，膜质，常有黄色边缘，下面粉绿色，在最下方的一对小叶间有黑褐色线形而钝头的腺体 1 枚。总状花序，鲜黄色。果圆柱状。
习　　性：喜光，喜高温湿润气候，不耐干旱，不耐寒。喜疏松、排水良好、肥沃的沙质土壤。
观赏特征：分枝茂密，小叶翠绿，常具金边，花色金黄，盛花时灿烂夺目。
园林应用：适合丛植、片植于庭院、林缘、路旁等，也可作栅栏或低墙的垂直绿化。

115 腊肠树　　　　　　　　　　　　*Cassia fistula* L.　　　　　　苏木科

形态特征：落叶乔木。偶数羽状复叶，有小叶 3～4 对，叶轴和叶柄上无翅亦无腺体；小叶对生，阔卵形或椭圆状卵形，幼嫩时两面被微柔毛。总状花序疏散，下垂，花瓣黄色，具明显的脉。荚果圆柱形。

习　　　性：喜高温多湿气候，不耐干旱，不耐寒，喜光，忌荫蔽。

观赏特征：初夏开花时，满树长串状金黄色花朵，极为美观。而且果实似腊肠，形态奇特，可供观赏。

园林应用：适作庭园观赏树、行道树和遮荫树。

116 铁刀木　　　　　　　　　　　　*Cassia siamea* Lam.　　　　　　苏木科

形态特征：乔木。偶数羽状复叶，叶轴与叶柄无腺体，被微柔毛；小叶对生，6～10 对，近革质，长圆形或椭圆形，顶端有短尖头。总状花序，序轴密生黄色柔毛，花瓣黄色。荚果扁平，微弯。

习　　　性：喜光，不耐蔽荫，喜温。对土壤要求不严。

观赏特征：树形美观，枝叶茂盛，花期长。

园林应用：适合做行道树、园景树。

| 117 黄槐 | *Cassia surattensis* Burm. f. | 苏木科 |

形态特征：小乔木。偶数羽状复叶，在叶轴上面最下 2 或 3 对小叶之间和叶柄上部有棍棒状腺
　　　　　体 2～3 枚；小叶 7～9 对，椭圆形或卵形。总状花序，花鲜黄色。荚果扁平。
习　　性：喜光，喜温暖湿润气候，适应性强，耐寒，耐半荫，不抗风。
观赏特征：枝叶茂密，树姿优美，花期长，花色金黄灿烂，富热带特色。
园林应用：适合做观花树、庭院绿化树和行道树。

| 118 凤凰木 | *Delonix regia* (Boj.) Raf. | 苏木科 |

形态特征：高大落叶乔木。叶为二回偶数羽状复叶，羽片对生，15～20 对，小叶 20～40 对，
　　　　　对生，近矩圆形，两面被绢毛，先端钝，基部偏斜，中脉明显。伞房状总状花序，
　　　　　花萼绿色，花冠鲜红色，上部的花瓣有黄色条纹。荚果木质。
习　　性：喜光，喜高温多湿气候，不耐干旱和瘠薄，不耐寒，抗风。土质以肥沃、富含有机质、
　　　　　排水须良好的沙质壤土为佳。
观赏特征：夏季盛花期花红似火，甚为美丽。
园林应用：适合做园林风景树、绿荫
　　　　　树和行道树。

119 仪花　　*Lysidice rhodostegia* Hance　　苏木科

形态特征：常绿乔木。小叶 3～5 对，长椭圆形，先端尾状渐尖，基部圆钝。圆锥花序，花冠紫红色，有长爪，苞片白色或带紫堇色。荚果开裂，果瓣常成螺旋状卷曲。
习　　性：喜光，喜温暖湿润的气候；耐瘠薄，但在深厚肥沃、排水良好的土壤上生长较好。
观赏特征：树冠开展，花朵美丽，是很好的观花植物。
园林应用：适合做行道树、庭园树。

120 双翼豆（盾柱木）　　*Peltophorum pterocarpum* (DC.) Baker ex K. Heyne　　苏木科

形态特征：乔木。二回羽状复叶，羽片 7～20 对生，小叶 7～18 长圆状倒卵形，叶柄粗壮，被锈色毛。圆锥花序顶生或腋生，花冠黄色。荚果具翅，纺锤形，两端尖，中央具条纹，翅宽。
习　　性：耐热、耐旱、耐瘠、耐风，不耐荫。在肥沃、排水良好的土壤上生长较好。
观赏特征：树枝飒爽青翠，花鲜艳绚丽，果实红色。
园林应用：宜做园景树、行道树、遮荫树。

121 中国无忧树　　　　　　　　　　*Saraca dives* Pierre　　　　苏木科

形态特征：常绿乔木。叶互生，偶数羽状复叶，小叶4～6对，长圆形、椭圆状长卵形或椭圆状倒卵形。圆锥花序，花密生，有花瓣状、红色的小苞片；萼管圆柱状，裂片4枚，花瓣状，卵形，近等大，覆瓦状排列；花冠缺；雄蕊有长花丝，突出；荚果长圆形或带状，2瓣裂，果瓣革质至木质。

习　　性：喜光，喜高温湿润气候，不耐寒。喜生于富含有机质肥沃排水良好的土壤。

观赏特征：树冠椭圆状伞形，树姿雄伟，叶大翠绿，花序大型，花期长，盛花期花开满枝头，花似火焰。

园林应用：宜作庭园观赏。

122 蔓花生（铺地黄金）　　*Arachis duranensis*　　蝶形花科
　　　　　　　　　　　　　　A. Krapollickas et W. C. Gregory

形态特征：茎为蔓性，匍匐生长。复叶互生，小叶两对，倒卵形，全缘。单花腋生，花蝶形，金黄色。荚果。

习　　性：有一定的耐旱及耐热性，耐荫性较强。对土壤要求不严，但以沙质壤土为佳。

观赏特征：四季常青，观赏性强，是非常好用的地被植物。

园林应用：可用于园林绿地、公路的隔离带等做地被植物。

123 鸡冠刺桐　　*Erythrina crista-galli* L.　　蝶形花科

形态特征：小乔木，茎和叶柄具皮刺。叶为三出复叶，小叶椭圆形或长圆形，叶柄和中脉有稀疏的短刺。总状花序，花疏生，花萼及花冠均红色，期瓣反折。荚果，褐色，种子间缢缩。

习　　性：喜光，喜高温湿润气候，适应性强，耐干旱，较耐寒，栽培不择土壤。

观赏特征：花大繁密，红色鲜艳，花形奇特，为很好的观花植物。

园林应用：适作行道树、园景树。

124 刺桐　　*Erythrina variegata* L.　　蝶形花科

形态特征：落叶乔木，树干上有颗粒状的瘤刺。三出复叶，小叶阔卵形至斜方状卵形，顶端1枚宽大于长，小托叶为宿存腺体。总状花序，萼佛焰苞状，花冠红色。荚果厚，念珠状。

习　　性：喜温暖湿润、光照充足的环境，耐旱也耐湿，不甚耐寒，对土壤要求不严，但以肥沃排水良好的砂壤土为好。

观赏特征：树身高大挺拔，枝叶茂盛，早春先叶开花，花色鲜红，花序硕长。

园林应用：适合作庭园观赏和"四旁"绿化树种。

常见栽培变种：

黄脉刺桐 var. *picta* Graf. 与原变种的主要区别是叶片主脉纹呈黄色。习性与用途与刺桐同。

黄脉刺桐

刺桐

125 禾雀花（白花油麻藤） *Mucuna birdwoodiana* Tutch. 蝶形花科

形态特征：常绿大型木质藤本。3 小叶，小叶近革质，卵状椭圆形，侧生小叶偏斜。总状花序成串下垂，自老茎上长出，苞片卵形下垂，花冠白色。荚果木质。

习　　性：喜光，喜温暖湿润气候，耐寒，耐半荫，不耐干旱瘠薄，喜肥沃、富含有机质和湿润排水良好的土壤。

观赏特征：盛花期花多于叶，大型总状花序从老茎上生出，悬垂状，宛如一群群小鸟在张望，别致有趣，为优良藤本植物。

园林应用：宜在庭园用于攀援高大棚架、花门和墙垣等。

126 海南红豆 *Ormosia pinnata* (Lour.) Merr. 蝶形花科

形态特征：常绿乔木，树皮灰色或灰黑色。基数羽状复叶，小叶 7～9 枚，薄革质，披针形，亮绿色。圆锥花序顶生，花冠黄白色略带粉。荚果。

习　　性：喜光，喜高温湿润气候，耐寒，耐半荫，不耐干旱。喜酸性土壤。

观赏特征：枝繁叶茂，树冠圆伞状，树姿姿态高雅，荚果独特。

园林应用：适作园林风景树和行道树。

127 紫檀（印度紫檀） *Pterocarpus indicus* Willd. 蝶形花科

形态特征：乔木。羽状复叶，小叶 3～5 对，卵形，先端渐尖，基部圆形，两面无毛。圆锥花序顶生或腋生，被褐色短柔毛，花冠黄色，花瓣边缘皱波状，芳香。荚果圆形，扁平，偏斜。

习　　性：喜光，喜高温高湿气候，适应性强，耐干旱，抗风。

观赏特征：冠大荫浓，树形美观，花有香气，是高级的绿化树种。

园林应用：适作园景树、行道树和庭荫树。

128 紫藤 *Wisteria sinensis* (Sims) Sweet 蝶形花科

形态特征：藤本，茎左旋，嫩枝被白色柔毛。奇数羽状复叶，小叶 7～13 对，卵状长圆形至卵状披针形，上部小叶较大，基部 1 对最小。总状花序发自去年年短枝的腋芽或顶芽，花蓝紫色。荚果表面密生黄色绒毛。

习　　性：喜光，较耐荫，能耐水湿及瘠薄土壤，较耐寒。喜深厚、肥沃、疏松的土壤。

观赏特征：春季一串串硕大的花穗垂挂枝头，紫中带蓝，灿若云霞，是优良的观花藤木植物。

园林应用：适于配置庭园门前、花架、花廊、花亭，缠绕假山。

129 枫香 *Liquidambar formosana* Hance 金缕梅科

形态特征：落叶乔木，树液芳香。叶互生，掌状3～5裂，缘有齿，托叶线形，早落。花单性同株，无花瓣，雄花无花被，头状花序常多个排成总状，雌花常有数枚刺状萼片，头状花序单生。果序球形，刺状萼片宿存。

习　　性：喜光，喜温暖湿润气候及深厚湿润土壤，较耐干旱瘠薄，但不耐水湿。

观赏特征：树干通直，树体雄伟，春、夏叶色暗绿，秋冬季叶色变为黄色、紫色或红色，是南方著名的秋色叶树种。

园林应用：适宜作园景树和行道树。

130 檵木 *Loropetalum chinense* Oliv. 金缕梅科

形态特征：常绿灌木，小枝、嫩叶及花萼均有锈色星状毛。叶互生，全缘。叶卵形或椭圆形，基部歪圆形，背面密生星状柔毛。花瓣带状线形，浅黄白色，苞片线形，簇生于小枝端。蒴果褐色，近卵形，有星状毛。

习　　性：耐半荫，喜温暖气候及酸性土壤，适应性较强。

观赏特征：花繁密而显著，初夏开花如覆雪，颇为美丽。

园林应用：丛植于草地、林缘或与石山相配合都很合适，亦可用作风景林之下木。

常见栽培变种：

红花檵木 var. *rubrum* Yieh，叶嫩枝淡红色，越冬老叶暗红色。花瓣4枚，淡紫红色，带状线形。常年叶色鲜艳，枝盛叶茂，特别是开花时瑰丽奇美，极为夺目，是花、叶俱美的观赏树木。

檵木

红花檵木

131 壳菜果　　*Mytilaria laosensis* Lec.　　金缕梅科

形态特征：高大乔木。叶革质，阔卵圆形，全缘或掌状3浅裂，基部心脏形，表面橄榄绿色，有光泽，背面黄绿色或稍带白色，两面均密被细腺点或细突起，掌状脉5。肉穗状花序顶生或近顶生，花瓣带黄色。蒴果椭圆形，外果皮黄褐色。

习　　性：较喜光，喜温暖湿润气候。在肥沃、湿润排水良好的砂壤土生长较好，忌积水。

观赏特征：树干笔直，叶形特别，是优良的绿化树种。

园林应用：适宜作园景树。

132 垂柳　　*Salix babylonica* L.　　杨柳科

形态特征：落叶乔木，小枝细长下垂。叶狭披针形至线状披针形，先端渐尖，缘有细锯齿，托叶阔镰形，早落。柔荑花序，常先叶开放。雄花具2雄蕊，2腺体；雌花子房仅腹面具1腺体。蒴果，2瓣裂。

习　　性：喜光，不耐荫，较耐寒，特耐水湿，喜温暖湿润气候和肥沃湿润的之酸性及中性砂壤土。

观赏特征：垂柳枝条细长，柔软下垂，随风飘舞，姿态优美潇洒，最宜配置在湖岸水池边。柔条依依拂水，别有风致。

园林应用：适作庭园观赏树。

133 杨梅　　*Myrica rubra* (Lour.) Sieb. et Zucc.　　杨梅科

形态特征：常绿乔木，树冠圆球形。幼枝及叶背有黄色小油腺点，叶倒披针形，基部狭楔形，常全缘。雌雄异株，雄花序紫红色；雌花序红色。核果球形，深红色，也有紫、白等色，多汁。

习　　性：中等喜光，不耐强烈的日照。喜温暖湿润气候，不耐寒，喜空气湿度大，喜排水良好的酸性砂壤土。

观赏特征：枝叶茂密，四季常青，树冠圆整，初夏红果累累，是园林结合生产的优良树种。

园林应用：适作庭院观赏树和行道树。

134 木麻黄　　*Casuarina equisetifolia* L.　　木麻黄科

形态特征：常绿乔木，树皮暗褐色。小枝细软，下垂，灰绿色，似松针，每节通常有退化鳞叶7枚，节间有棱脊7条。花单性同株。果序球形，木质苞片被柔毛。坚果有翅。

习　　性：喜光，喜炎热气候，不耐寒，对土壤适应性强，耐干旱、盐碱、瘠薄及潮湿。

观赏特征：树冠塔形，姿态优雅，枝似松针，颇有趣味。

园林应用：宜作行道树和沿海防护林树种。

135 千头木麻黄　　Casuarina nana Sieb. ex Spreng.　　木麻黄科

形态特征：小灌木；分枝多，纤细。叶退化成鞘状，5齿裂，围绕小枝的节上。雄花序穗状，雄蕊1枚，外具4苞片；雌花序头状，雌花具一苞片及二小苞片。瘦果，集生成球果状。

习　　性：喜光，喜温暖至高温，对土壤要求不严，只要排水良好，粘性不强之地均能生长，切忌排水不良或长期滞水潮湿。

观赏特征：树姿美观，小枝浓密，似松针。

园林应用：容易整形，为盆栽、庭园美化、绿篱之高级树种。

136 朴树　　Celtis sinensis Pers.　　榆科

形态特征：乔木，小枝幼时有毛。单叶互生，叶卵状椭圆形，先端短尖，锯齿钝，基部偏斜，表面有凹点及棱脊，三主脉。花杂性同株。核果近球形，熟时红褐色。

习　　性：喜光，喜肥厚湿润疏松的土壤，耐干旱瘠薄，耐轻度盐碱，耐水湿。

观赏特征：树冠圆满宽广，树荫浓郁，枝条婆娑，春季新叶初放，满枝嫩绿，甚耐观赏。

园林应用：适作庭荫树、行道树和四旁绿化树。亦可作桩景材料。

137 菠萝蜜 *Artocarpus heterophyllus* Lam. 桑科

形态特征：常绿乔木，有乳汁，小枝有托叶痕。单叶互生，羽状脉，叶椭圆形至倒卵形，全缘，厚革质。雄花序顶生或腋生，圆柱形；雌花序椭球形，生于树干或大枝上。聚花果椭圆形至球形，成熟时黄色，外皮呈六角形瘤状突起。

习　　性：畏寒，喜光照充足，通风条件好的环境。对土壤要求不严，但以土层深厚、排水良好的微酸性土壤较好。

观赏特征：树形端正，树大荫浓，花有芳香，并有老茎开花结果的奇特景观。

园林应用：适作庭荫树、行道树或庭园观赏树。

138 高山榕 *Ficus altissima* Bl. 桑科

形态特征：常绿大乔木，有气根。单叶，互生，厚革质，圆卵形或卵状椭圆形，先端钝尖，基部圆形或近心形，全缘，托叶厚革质，披针形。花序托成对腋生，雌雄同株。隐花果近球形，深红色或淡黄色。

习　　性：喜光，喜高温多湿气候，耐贫瘠和干旱。对土壤要求不严。

观赏特征：树冠广阔，树姿稳健壮观，可形成独木成林的景观。

园林应用：适合用作园景树、遮荫树和行道树。

139 垂叶榕　　　　　　　　　　　　　　　　　*Ficus benjamina* L.　　　　　桑科

形态特征：常绿乔木，枝条稍下垂，全株具乳汁。叶互生，近革质，长圆形或椭圆形，顶端尾状渐尖，微外弯，基部宽楔形或浑圆。隐头花序单个或成对生于叶腋，球形，成熟时黄色或淡红色。

习　　性：性喜高温高湿，耐旱耐瘠、抗风、耐荫。栽培土质以壤土或砂质壤土最佳，排水需良好。

观赏特征：树型下垂，叶簇油绿，姿态柔美。

园林应用：耐修剪整形，适合作绿篱、盆栽、行道树、园景树。

常见栽培变种：

a. 黄金垂榕 'Golden Leaves' 叶金黄色至黄绿色。

b. 花叶垂榕 'Variegata' 叶淡绿色，叶脉及叶缘具不规则的黄色或白色斑块，有时新叶叶面全为白色。

垂叶榕

黄金垂榕

花叶垂榕

140 亚里垂榕　　*Ficus binnendijkii* (Mid.) Mid. 'Alii'　　桑科

形态特征：常绿灌木或小乔木。叶互生，线状披针形，叶面曲角，主脉突出，幼叶淡红色，叶片下垂状。隐头花序。
习　　性：喜温暖湿润和阳光充足环境。不耐寒和干旱，耐半荫。以肥沃、疏松和排水良好的酸性土壤为宜。
观赏特征：叶片下垂状，似柳叶随风飘逸，树姿美丽。
园林应用：适合庭植美化、行道树、绿篱或盆栽。

141 印度橡胶榕　　*Ficus elastica* Roxb. ex Hornem.　　桑科

形态特征：常绿乔木，富含乳汁。叶厚革质，有光泽，长椭圆形，全缘，中脉显著，羽状侧脉多而细，且平行直伸，托叶大，淡红色，包被肉芽，有明显托叶环痕。雌雄同株，隐头花序成对生于叶腋。
习　　性：性喜高温湿润、阳光充足的环境，也能耐荫但不耐寒。喜肥沃湿润的酸性土壤。
观赏特征：叶片宽大美观且有光泽，红色的顶芽状似伏云，托叶裂开后恰似红缨倒垂，颇具风韵。
园林应用：适作园景树、庭荫树及行道树。
常见栽培变种：
锦叶橡胶榕 'Doescheri' 叶具灰绿色、黄色和白色花纹。习性用途与印度橡胶榕同。

印度橡胶榕

锦叶橡胶榕

142 大琴叶榕 *Ficus lyrata* Warb. 桑科

形态特征：常绿乔木，叶大型，琴叶状，先端钝而稍阔，基部微凹入，叶柄短，叶革质，全缘，光滑，深绿色或黄绿色，叶脉中肋于叶面凹下并于叶背显著隆起，侧脉明显，叶背褐色维毛，托叶褐色。隐花果球形。

习　　性：喜欢高温多湿的气候，半日照至全日照均可。

观赏特征：叶大而奇特，像一把提琴，观赏价值较高。

园林应用：庭园树、行道树、盆栽树。

143 榕树（小叶榕） *Ficus micorcarpa* L. f. 桑科

形态特征：常绿乔木，枝具下垂须状气生根，有乳汁。叶互生，革质，椭圆形、卵状椭圆形或倒卵形，顶端短尖而钝，基部狭，全缘。隐花果腋生，近球形，成熟时淡红色。

习　　性：喜光，温暖湿润气候，耐水湿。

观赏特征：树冠庞大，枝叶茂密。

园林应用：华南地区常见行道树和庭荫树。变种用作花坛、绿带或盆栽观赏。

144 菩提榕（菩提树）　　Ficus religiosa L.　　桑科

形态特征：落叶大乔木，有乳汁。叶互生，革质，心形或卵圆形，先端骤尖，延长成尾状，全缘或波状。花序单个成对腋生，近球形，成熟时花序托暗紫色，花期3～4月；果期5～7月。

习　　性：喜温暖多湿、阳光充足和通风良好的环境，抗风，抗大气污染，耐干旱，对土壤要求不严，生长迅速，萌发力强，移植易成活。

观赏特征：树冠广阔，树姿及叶形优美别致，富热带色彩，绿荫效果甚佳。相传佛祖释迦牟尼在该树下悟道，故又名"思维树"。

园林应用：风景树、行道树。常种植于公园或寺庙。

145 地果（地枇杷、地瓜藤）　　Ficus tikoua Bur.　　桑科

形态特征：常绿木质匍匐植物。茎棕褐色，节略膨大，触地生不定根。叶坚纸质。花序托具短梗，簇生于无叶的短枝上。榕果球形或卵球形，熟时淡红色。果期5～6月。

习　　性：喜较阴湿的山坡路边或灌丛中。

观赏特征：优良地被植物。

园林应用：道路、河流边坡、荒山绿化和垂直绿化。

146 笔管榕（笔管树）　　Ficus virens Ait.　　桑科

形态特征：落叶乔木，有时有气根，树皮黑褐色。小枝淡红，无毛。叶互生或簇生，坚纸质，长椭圆形或长卵状圆形，全缘，叶片幼嫩时，常带红褐色。隐花果单生或成对生于叶腋或无叶枝上。花序成熟时黄色或红色。花果期为全年。

习　　性：喜湿润及暖热气候，宜植于湿润肥沃土壤和水边，抗烟性和耐土壤酸度较强。

观赏特征：树形高大，树冠广阔，周年有果。

园林应用：多作孤立树，也可丛植、行植，或作行道树。为良好的庇荫树。

常见变种：黄葛树 var. *sublanceolata* (Miq.) Corner 与原变种的区别在于：叶近披针形，长达 20cm，先端渐尖；榕果无总梗。黄葛榕树形高大，树冠伸展，冬季落叶，早春萌发嫩叶。良好的春色叶树。

笔管榕　　　　　　　　黄葛树

147 花叶冷水花（花叶荨麻）　　Pilea cadierei Gagnep. et Guill　　荨麻科

形态特征：地下有横生的根状茎。株高 30～60cm，地上茎丛生，细弱肉质，半透明，上面有棱，节部膨大，幼茎白绿色，老茎淡褐色。叶对生，椭圆状卵形，先端钝尖，基部宽楔形，3 条主脉之间有灰白至银白色的斑纹。叶缘有波状钝齿。叶柄短，半透明，基部有小托叶。聚伞花序，顶生或自叶腋间抽生，花序梗淡褐色，半透明。

习　　性：喜温暖湿润的气候条件，怕曝晒，较耐寒。

观赏特征：小型观叶植物，适应性强，容易繁殖。株丛小巧素雅，叶色绿白分明，纹样美丽。

园林应用：用于建筑中庭、边角等荫处，或用作室内盆栽。

148 铁冬青（救必应）　　*Ilex rotunda* Thunb.　　冬青科

形态特征：常绿乔木。叶薄革质或纸质，卵形、倒卵形或椭圆形，全缘，两面无毛。聚伞花序或伞形花序单生于当年枝上。花小，单性，雌雄异株，花白色。浆果状核果球形或椭圆形，红色。

习　　性：暖温带树种。喜湿润、肥沃、排水良好的酸性土壤，适应性强，耐荫，耐瘠，耐旱，耐霜冻。

观赏特征：铁冬青枝叶婆娑，树形优雅，终年常绿，入冬满树红果，为优良的观果树种。

园林应用：适应性强，抗大气污染。可单植、丛植，是很好的园林观赏树。

149 枸骨（鸟不宿）　　*Ilex cornuta* Lindl. et Paxt.　　冬青科

形态特征：常绿灌木或小乔木。叶厚革质，二形，长圆形或卵形，顶端具硬齿刺。聚伞花序生于2年生小枝叶腋内，花淡黄色。浆果状核果球鲜红色。

习　　性：喜阳光充足、气候温暖及排水良好的酸性肥沃土壤，耐寒性较差。

观赏特征：枝叶繁茂，叶形奇特，秋后红果累累，鲜艳美丽，是观叶观果兼优的园林植物。

园林应用：可单植、对植或丛植，也是很好的绿篱植物及盆栽材料。

150 异叶爬山虎 *Parthenocissus heterophylla* (Bl.) Merr. 葡萄科

形态特征：落叶藤木，植株无毛，卷须总状五至八分枝，营养枝上的叶为单叶，缘有粗齿；花果枝上的叶为具长柄的三出复叶，中间小叶倒长卵形，侧生小叶斜卵形，基部极偏斜。聚伞花序常生于短枝端叶腋。浆果近球形，熟时紫黑色。

习　　性：喜光及空气湿度高的环境。

观赏特征：秋季叶色变红，十分美丽。

园林应用：本种卷须吸附力强，适宜用做城市垂直绿化。

151 九里香（千里香） *Murraya exotica* (L.) Jack. 芸香科

形态特征：常绿灌木。单数羽状复叶，小叶互生，3～7枚；小叶阔倒卵形或倒卵状椭圆形，先端钝，稀渐尖，全缘。伞房状聚伞花序，花白色，极芳香。果卵形或球形，肉质，红色。

习　　性：喜光，耐半荫，喜温暖湿润气候，抗大气污染。

观赏特征：树冠优美，四季常青，花香宜人，为优良的芳香花木。

园林应用：可用作绿篱或配置于庭院之中、建筑周围，也可用做室内盆栽。

152 金桔（金柑） *Fortunella margarita* (Lour.) Swingle 芸香科

形态特征：常绿灌木。单小叶，翼叶甚窄；叶片长圆形或披针形。单花或1～3朵簇生于叶腋，白色，芳香。果长圆形，熟时金黄色，连皮可食。花期5～8月，果熟11～12月。

习　　性：喜温暖湿润气候，不耐寒冷，喜光照，强光、高温、干燥的环境不利生长。

观赏特征：枝叶茂密，树姿优雅，四季常青。夏日花白如玉，芳香宜人，秋冬金果玲珑，色艳味甘，为优良的观果树种。

园林应用：用于庭院、花坛、建筑入口。盆栽是赏花、果、叶的上品，也是沿海地区春节期间必备盆花。

153 四季米仔兰 *Aglaia duperreana* Pierre 楝科

形态特征：灌木至小乔木。小叶3～5片，对生，倒卵形至长椭圆形，顶端一片最大，顶端钝，基部楔形。圆锥花序腋生，花黄色或淡黄色，有香味。果卵形或近球形。

习　　性：喜光，喜温暖至高温湿润气候，耐半耐，不耐干旱和寒冷，抗大气污染。

观赏特征：树姿优美，叶形秀丽，四季常青，花金黄，芬芳似兰，是优良的芳香木本。

园林应用：建筑、庭院内作观赏灌木，也可以做室内盆栽。

154 大叶山楝（红萝木） *Aphanamixis grandifolia* Bl. 楝科

形态特征：常绿乔木。叶大，奇数羽状复叶，小叶15片，对生，厚革质，长圆形，顶端渐尖或钝，基部极偏斜，最下部小叶较小。雌花和两性花单生，雄花为圆锥花序式或近球形。蒴果球形或梨形。

习　　性：喜湿润温暖气候及土层深厚疏松的酸性土。

观赏特征：生长迅速，树干通直，树形优美。

园林应用：为热带、亚热带优良的行道树。

155 麻楝（白皮香椿） *Chukrasia tabularia* A. Juss. 楝科

形态特征：落叶大乔木，无毛，有苍白色的皮孔。叶通常为偶数羽状复叶，小叶10～17片，互生，纸质，卵形至卵状椭圆形，顶端尾尖或渐尖，基部偏斜至极偏斜。圆锥花序顶生，花淡黄带紫色。蒴果近球形或椭圆形。

习　　性：喜光，喜温暖至高温湿润气候，抗风，不耐干旱和寒冷，抗大气污染。

观赏特征：树形优美，花美丽。

园林应用：造林树、行道树、风景树。

常见变种：**毛麻楝** var. *velutina* (Wall.) King 与原种区别在于幼枝和叶密被黄褐色绒毛。

毛麻楝

麻楝

156 塞楝（非洲桃花心木）　　Khaya senegalensis (Desr.) A. Juss.　　楝科

形态特征：乔木，树皮鳞片状开裂。偶数羽状复叶，小叶 6～16 片，互生或近对生，长圆形，全缘。圆锥花序顶生或上部叶腋生。蒴果球形。花期 4 月。

习　　性：喜光，喜温暖至高温湿润气候，抗风较强，不耐干旱和寒冷，抗大气污染。

观赏特征：热带速生珍贵用材树种，树形整齐。

园林应用：行道树。

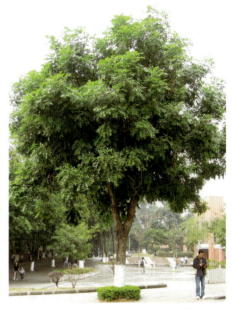

157 龙眼（桂圆）　　Dimocarpus longan Lour.　　无患子科

形态特征：常绿乔木。小枝具浅沟槽，幼时被粉状短柔毛及凸起。偶数羽状复叶互生，小叶 3～7 对。圆锥花序密披星状短柔毛，花瓣 5，黄白色。核果黄褐色或灰黄色，表面稍粗糙，很少有微凸的小瘤体。种子球形，假种皮白色，味甜。

习　　性：喜光，喜高温多湿气候。

观赏特征：树姿优美，枝叶婆娑，为岭南佳果。

园林应用：南方常见庭园树，集生产和观赏于一体。

158 台湾栾树

Koelreuteria elegans (Seem.) A. C. Smith subsp. *formosana* (Hayata) Meyer 无患子科

形态特征：落叶乔木。二回奇数或偶数羽状复叶，小叶10～13片，卵形或长卵形，先端尖，基部歪斜或基部极偏斜。大型圆锥花序顶生，花冠黄色。蒴果，3裂，果壳薄，红色。
习　　性：喜光，速生，适生于石灰岩山地。
观赏特征：秋色叶树，盛花时满树金黄，颇为壮观。
园林应用：宜作庭荫树、园景树及行道树。

159 荔枝

Litchi chinensis Sonn. 无患子科

形态特征：常绿乔木。偶数羽状复叶互生，小叶2～4对，互生或近对生，薄革质，椭圆形或椭圆状披针形，全缘，两面无毛。圆锥花序顶生，有茸毛，花小，杂性同株，无花瓣。荔果成熟时暗红色或鲜红色，种子茶褐色，具白色假种皮。
习　　性：喜光，喜温暖至高温湿润气候，适应性强，抗风，抗大气污染。
观赏特征：树姿优美，新叶橙红，结果时丹实累累，令人心醉。为优良的蜜源植物。
园林应用：庭院树、行道树、风景林树。孤植、行植、群植均可。

160 芒果　　　　　　　　　　*Mangifera indica* L.　　　　漆树科

形态特征：常绿大乔木，树冠稠密。叶聚生于枝顶，革质，长圆形至长圆状披针形，顶端急尖或渐尖，边全缘，略波状。圆锥花序，花芳香，淡黄色或白色。核果绿色至黄色。

习　　性：喜光，喜高温多湿气候，不耐寒，不耐干旱，抗风、抗大气污染。

观赏特征：树冠广阔，树姿美观，嫩叶富色彩变化。庭院观花观果树。

园林应用：适作庭荫树、行道树。

161 扁桃　　　　　　　　　　*Mangifera persiciformis* C.Y. Wu et T. L. Ming　　　　漆树科

形态特征：常绿乔木，树皮灰黑色。叶聚生于枝顶，狭披针形至线状披针形，边缘皱波状，两面无毛。圆锥花序顶生，花小，杂性，黄绿色。核果桃形，稍压扁，熟时淡黄色。

习　　性：喜光，喜温暖湿润气候，适应性较强，抗风，抗大气污染，不耐寒。

观赏特征：树冠塔形雄伟，四季常绿，优良的园林树。

园林应用：适作庭荫树、行道树。

162 人面子（人面树） *Dracontomelon duperreanum* Pierre 漆树科

形态特征：常绿大乔木，幼枝被灰色绒毛。奇数羽状复叶，小叶对生或互生，近革质，长圆形或长圆状披针形，顶端渐尖，基部不对称，全缘。圆锥花序顶生，花瓣白色。核果扁球形，核的顶端有孔4～5个。

习　　性：喜光，喜温暖湿润气候，适应性颇强，耐寒，抗风，抗大气污染，不甚耐旱。

观赏特征：树形雄伟，塔形，枝叶茂盛，遮荫效果好，叶片层次清晰，终年常绿有光泽，具有热带风光。

园林应用：风景树和行道树。

163 幌伞枫 *Heteropanax fragrans* (Roxb.) Seem. 五加科

形态特征：常绿乔木。三至五回羽状复叶，极大，小叶全缘，小叶近革质，椭圆形或卵形，先端突尖或钝，基部楔形或近圆形。伞形花序再组成大型的圆锥花序，密披褐色星状毛。果近球形或肾形。

习　　性：喜光，喜高温多湿气候，耐半荫，不耐寒，不耐干旱。

观赏特征：树冠圆形，形如华盖，具有观赏价值。

园林应用：优良的庭荫树及行道树。

164 常春藤　　*Hedera nepalensis* K. Koch. var. *sinensis* (Tobl.) Rehd.　　五加科

形态特征：大型攀援灌木，幼时靠气根攀附生长，大时茎直立。叶革质，有光泽，叶形变化大，通常为三角形、卵形等，全缘或2～3裂，三出（稀五出）脉。果熟时红色或橙黄色。
习　　性：极耐荫，有一定耐寒性，对土壤、水分要求不严，但以中性土或酸性土为好。
观赏特征：观叶植物。
园林应用：在庭院中可用以攀缘假山、岩石，或在建筑阴面作垂直绿化材料，也可做盆栽。

165 羽叶南洋森（线叶南洋森）　　*Polyscias filicifolia* (Ridley) Bailey　　五加科

形态特征：灌木，高2～3m。一回羽状复叶，叶脱落后有环状叶痕；小叶11～15片，纸质，线状披针形，叶缘变化大，羽状分裂并有锐锯齿，有时全缘。伞形花序组成大型的圆锥花序。
习　　性：耐荫，喜高温多湿，也极耐旱。生长迅速。
观赏特征：观叶植物。
园林应用：用于庭院观赏和室内盆栽。

166 鹅掌藤（狗脚蹄）　　*Schefflera arboricola* (Hayata) Merr.　　五加科

形态特征：藤状灌木。掌状复叶，小叶7～9枚，革质，倒卵状椭圆形或长圆形，全缘。花青白色，复总状花序，顶生。果实球形，成熟时黄红色。
习　　性：喜光，耐干旱，耐湿。
观赏特征：是一种良好的观叶植物。
园林应用：可作庭果树、花材及用于盆栽。

167 澳洲鸭脚木（伞树）   *Schefflera actinophylla* (Endl.) Harms.   五加科

形态特征：常绿乔木。掌状复叶，具长柄，丛生于枝条先端。小叶数随树木的年龄而异，幼年时 4～5 片，长大时 5～7 片，至乔木状时可多达 16 片。小叶长椭圆形，叶缘波状。花为圆锥状花序，花小型，淡黄色。果实球形而生纵沟，无毛。

习　　性：喜光及温暖、湿润、通风良好的环境。

观赏特征：叶片大，是一种良好的观叶植物。

园林应用：作庭园树、室内盆栽。

168 孔雀木（手树）   *Dizygotheca elegantissima* (hort. Veitch ex Mast.) R. Vig. & Guillaumin   五加科

形态特征：常绿灌木或小乔木。树干和叶柄都有乳白色的斑点。叶互生，掌状复叶，小叶 7～11 枚，条状披针形，先端渐尖，基部渐狭，形似指状，边缘有锯齿或羽状分裂，幼叶紫红色，后成深绿色。叶脉褐色，总叶柄细长。

习　　性：喜光，喜温暖多湿气候，稍耐荫，忌阳光直射，不耐寒。

观赏特征：孔雀木树形和叶形优美，叶片掌状复叶，紫红色，小叶羽状分裂，非常雅致，为名贵的观叶植物。

园林应用：适合盆栽观赏，常用于居室、厅堂和会场布置。

169 西洋杜鹃（比利时杜鹃）   *Rhododendron hybridum* Hort.   杜鹃花科

形态特征：常绿灌木，矮小。枝、叶表面疏生柔毛。叶互生，叶片卵圆形，全缘。花顶生，花冠阔漏斗状，半重瓣，花玫红色、水红色粉红色或间色等。品种很多。花期主要在冬、春季。

习　　性：喜温暖、湿润、空气凉爽、通风和半荫的环境。要求土壤酸性、肥沃、疏松、富含有机质、排水良好。

观赏特征：株形矮壮，花形、花色变化大，色彩丰富，是杜鹃花中最美的一类。

园林应用：主要用于盆栽观赏。

170 锦绣杜鹃（鲜艳杜鹃） *Rhododendron pulchrum* Sweet 杜鹃花科

形态特征：半常绿灌木。幼枝、叶柄密生淡棕色扁平伏毛。叶坚纸质，顶端钝尖，基部楔形，初有散生黄色疏伏毛，以后上面近无毛；伞形花序有花1~3朵，花冠宽漏斗状。蒴果长圆状卵圆形。

习　　性：喜光，喜温暖湿润气候，耐荫，忌阳光曝晒。

观赏特征：枝叶繁茂，树冠成球形，春季盛花期，花团锦簇，万紫千红，璀灿夺目，为著名的木本花卉。

园林应用：孤植、群植均可。

171 映山红（山石榴） *Rhododendron simsii* Planch. 杜鹃花科

形态特征：半常绿灌木。叶薄革质，春发叶椭圆形至长圆状椭圆形。花冠阔漏斗形，猩红色，上部的裂片有深色斑。蒴果卵圆形。花期2~4月，果期7~9月。

习　　性：喜疏荫，忌暴晒，要求凉爽湿润气候，通风良好的环境，土壤以疏松、排水良好、pH值为4.5~6.0为佳，较耐瘠薄干燥。

观赏特征：四季常绿，花繁色艳。

园林应用：庭园观赏植物，为优良的盆景材料。

172 人心果（人参果、赤铁果） *Manilkara zapota* (L.) van Royen 山榄科

形态特征：常绿乔木，高达 6～20m。枝有明显叶痕。叶革质，全缘或呈波状，叶背之叶脉明显，侧脉多而平行。花腋生，花冠白色。浆果。花期夏季，果 9 月成熟。
习　　性：喜暖热湿润气候，适应性强，以排水良好、肥沃的沙质壤土，抗寒力强。
观赏特征：树形整齐，果实可生食，也可制成饮料，树干流出的乳汁是制口香胶糖的原料。
园林应用：适宜作庭荫树，是良好的结合生产的热带园林树种。

173 朱砂根（大罗伞、石青子） *Ardisia crenata* Sims 紫金牛科

形态特征：灌木，高 1～2m，叶椭圆状披针形至倒披针形，有隆起的腺点，边常有皱纹或波纹，背卷；侧脉极纤细，近边缘处结合而成一边脉，但常隐于卷边内。花白色或淡红色。果球形，鲜红色。花期 6 月。果期 10～12 月。
习　　性：喜湿润，耐荫。喜肥沃排水良好的土壤。
观赏特征：果实鲜红剔透，甚为可爱，观果植物。
园林应用：园林中可用于地被，亦是一种很好的盆栽植物。

174 灰莉（非洲茉莉） *Fagraea ceilanica* Thunb. 马钱科

形态特征：常绿乔木或灌木，有时可呈攀缘状。叶对生，稍肉质，椭圆形或倒卵状椭圆形，侧
脉不明显。花单生或为二歧聚伞花序；花冠白色，有芳香。浆果近球形，淡绿色。
习　　性：喜半荫，喜温暖多湿气候，不耐干旱，也不甚耐寒。
观赏特征：本种分枝茂密，枝叶均为深绿色，花大而芬香。
园林应用：庭院观赏植物，也可盆栽。

175 桂花（木犀） *Osmanthus fragrans* (Thunb.) Lour. 木犀科

形态特征：常绿灌木或小乔木，树皮粗糙，灰白色。叶革质，对生，幼叶边缘有锯齿。花香气
极浓，簇生叶腋生成聚伞状，花小，黄白色，极芳香。核果椭圆形。
习　　性：耐荫，亚热带或温带树种，能耐-10℃的短期低温。要求深厚肥沃土壤，忌低洼盐碱。
观赏特征：香花灌木，四季常绿，树冠整齐。
园林应用：对 Cl_2、SO_2 有较强抗性。在园林中孤植、列植、群植均可。小庭院中与松竹配植，
别有情趣。

176　尖叶木樨榄　　　　　　　　*Olea ferruginea* Royle　　　木犀科

形态特征：常绿灌木或小乔木。小枝近四棱，密被细小的淡锈色鳞片。叶狭椭圆状披针形，顶端渐尖，背面有锈色鳞片。圆锥花序顶生或腋生，花冠具四裂片。核果。
习　　性：喜光树种，喜温暖湿润而阳光充足的气候和微酸性土壤。萌芽力强，耐修剪。
观赏特征：枝繁叶茂，终年常绿，观叶树种
园林应用：庭院绿化与美化的优良树种，常被修剪成圆形。

177　茉莉　　　　　　　　*Jasminum sambac* (L.) Ait.　　　木犀科

形态特征：常绿攀援状灌木或直立。幼枝有短柔毛或近无毛。单叶，对生，纸质，宽卵形或椭圆形，两面被疏柔毛，下面脉腋有簇毛。聚伞花序顶生，通常有花3朵，白色，芳香，花后常不结实。
习　　性：喜光，喜炎热、潮湿气候，畏寒冷。以土层深厚、疏松、肥沃的沙质土壤生长最好。
观赏特征：著名香花植物，花及芳香，可提取香精获制作茉莉花茶。花、叶、根均可入药。
园林应用：常见庭园及盆栽观赏芳香花卉。

178 山指甲（小蜡树、小叶女贞） *Ligustrum sinense* Lour.　　木犀科

形态特征：半常绿灌木或小乔木，小枝密生短柔毛。叶椭圆形或卵状椭圆形，对生，背面中脉有毛。圆锥花序，花白色，花冠裂片长于筒部，花药黄色。果球形。
习　　性：喜光稍耐荫，对土壤要求不严，在肥沃、排水良好的土壤中生长最佳。
观赏特征：观叶、季节性观花。
园林应用：耐修剪，常与庭院栽作绿篱。

179 软枝黄蝉（黄莺、小黄蝉） *Allamanda cathartica* L.　　夹竹桃科

形态特征：藤状灌木，具白色乳汁。叶对生或3～5片轮生，倒卵形、狭倒卵形或长圆形，无毛或仅在叶背脉上有长柔毛，侧脉扁平。花冠黄色，花冠管漏斗形，下部圆筒形，上部钟状，花冠裂片倒卵状截形至圆形。蒴果近球形，有长刺。
习　　性：喜光，喜高温多湿气候，不耐寒，不耐干旱，对土壤要求不严。
观赏特征：花大色艳，花期长，盛花期花多而密，清雅悦目，是美化庭园和绿地常用的木本花卉。
园林应用：可作地被，用于疏林草地中观赏。也可用于建筑、高架桥垂直绿化。

180 黄蝉　　*Allamanda schottii* Pohl　　夹竹桃科

形态特征：直立灌木，具清澈的液汁。叶3～5片轮生，椭圆形或狭倒卵形，长5～14cm，脉上被糙硬毛，侧脉在叶背突起，叶柄极短。花冠管狭漏斗形，基部明显膨大，裂片前黄色全缘。聚伞花序顶生，花柠檬黄色，花冠基部膨大呈漏斗状。

习　　性：喜高温、多湿，阳光充足。适于肥沃、排水良好的土壤。

观赏特征：观花灌木。

园林应用：为优良的庭园树。

181 糖胶树（面条树）　　*Alstonia scholaris* (L.) R. Br.　　夹竹桃科

形态特征：乔木，有乳汁。枝条轮生，叶片3～10枚轮生，倒披针形。聚散花序顶生，花冠白色，内被柔毛。蓇葖果。

习　　性：喜光，喜高温多湿气候，对土壤要求不严，但需排水良好。抗风、抗大气污染。

观赏特征：树形美观，枝叶常绿，生长有层次如塔状，果实细长如面条。

园林应用：为良好的园林风景树、行道树和园景树。

182 长春花（日日草、山矾花）   *Catharanthus roseus* (L.) G. Don   夹竹桃科

形态特征： 多年生草本。茎直立，多分枝。叶对生，长椭圆状，叶柄短，全缘，两面光滑无毛，主脉白色明显。聚伞花序顶生。花玫瑰红，花冠高脚蝶状，5裂，花朵中心有深色洞眼。花期春至深秋。
习　　性： 喜湿润的沙质壤土。要求阳光充足，忌干热，夏季应充分浇灌，置于略荫处。
观赏特征： 花势繁茂，花色鲜艳，是优良的木本花卉。
园林应用： 花期较长，多布置花坛。也常用作盆栽观赏。也可布置于庭院一角。

183 海芒果（牛心荔）   *Cerbera manghas* L.   夹竹桃科

形态特征： 乔木，枝条轮生。叶狭卵形，基部楔形，顶端渐尖。花序梗粗壮，花冠白色，中央粉红色，内面被长柔毛。核果平滑，种子1粒，果实及种子剧毒，误食可致死。花期3~10月，果期7~12月。
习　　性： 抗逆性强，耐热，耐旱，耐湿，耐碱，耐荫，抗风，生长快，易移植。
观赏特征： 花美丽芳香，树冠深绿，为著名的庭院观赏树种。
园林应用： 适于庭园栽培观赏或用于海岸防潮。

184 夹竹桃（半年红）　　Nerium oleander L.　　夹竹桃科

形态特征：常绿乔木或灌木，具水状液汁。叶三片轮生，革质，狭椭圆形，基部楔形或下延，顶端渐尖或急尖，中脉在叶背显著凸起，侧脉密生而平行。花显著，芳香。花冠紫红色、粉红色、白色、橙红色或黄色，单瓣或重瓣。蓇葖果圆柱形。花期几乎全年，果期冬、春季。

习　　性：喜光，喜温暖、湿润气候，生命力强，生长迅速，抗风，抗大气污染，耐海潮，耐贫瘠，但不耐荫。对土壤要求不严，但以偏干燥的土壤为佳。

观赏特征：观花灌木。

园林应用：可作园林风景树，绿化树或行道树。

185 红鸡蛋花　　Plumeria rubra L.　　夹竹桃科

形态特征：落叶小乔木，富含乳汁；树皮淡绿色，平滑。叶厚纸质，椭圆形至狭长椭圆形，顶端急尖或渐尖，两面无毛；侧脉30～40对。花冠外面略带淡红色或紫红色，花冠裂片淡红色、黄色或白色，基部黄色。蓇葖果长圆形。

习　　性：喜光，喜高温、湿润气候，耐干旱，喜生于排水良好的肥沃沙质壤土上。

观赏特征：树形美观，叶大深绿，花色素雅而芳香，常植于园林中观赏。落叶后树干秃净光滑，似梅花鹿之角，故也有鹿角树之称。

园林应用：宜作庭园观赏。

常见栽培变种：
鸡蛋花'Acutifolia'花冠白色，中心黄色。在华南地区园林中栽培较普遍。

红鸡蛋花

鸡蛋花

| 园林植物 | 97

186 狗牙花（马蹄香）   *Tabernaemontana divarica* (L.) R. Br. ex Roem.et Schult   夹竹桃科

形态特征：常绿灌木。叶对生，长椭圆状披针形，全缘。聚伞花序二歧分枝，着生在新梢顶部，着花 1～8 朵，花冠白色，蓇葖果狭长斜椭圆形。

习　　性：喜光，喜高温湿润气候，栽培需肥沃、湿润的沙质壤土。不耐旱、不耐荫。

观赏特征：著名的香花植物，因其花冠裂片边缘有皱纹，状如狗牙，故名。

园林应用：常用于庭院观赏。

187 黄花夹竹桃   *Thevetia peruviana* (Pers.) K. Schum.   夹竹桃科

形态特征：乔木。下部枝条下垂，嫩枝青灰色。叶近革质，狭长圆形，顶端渐尖，叶面亮绿色，叶被淡绿色，侧脉不明显。花黄色，芳香。核果扁三角状球形。

习　　性：喜光，喜高温多湿气候，生命力强，耐湿、耐半荫，抗风、抗大气污染。

观赏特征：黄花夹竹桃枝软下垂，叶绿光亮，花大鲜黄，花期长，是一美丽的观赏花木。

园林应用：常用于庭院观赏。

188 栀子（黄枝子） *Gardenia jasminoides* Ellis 茜草科

形态特征：常绿灌木。叶对生或3叶轮生，叶片革质，长椭圆形或倒卵状披针形，全缘；托叶2片，通常连合成筒状包围小枝。花单生于枝端或叶腋，花冠高脚碟状，白色，芳香。浆果。

习　　性：性喜温暖湿润气候，好阳光但又不能经受强烈阳光照射，适宜生长在疏松、肥沃、排水良好、轻粘性酸性土壤中，是典型的酸性花卉。

观赏特征：一种良好的香花植物。

园林应用：是良好的绿化、美化、香化材料，可成片丛植或配置于林缘、庭院，植作花篱也极适宜。

常见栽培变种：

白蟾（白婵）var. *fortuniana* (Lindl.) Hara 与原种的主要区别是花瓣为重瓣。

重瓣栀子

栀子

189 希茉莉（长隔木、四叶红花） *Hamelia patens* Jacq. 茜草科

形态特征：灌木。叶片卵状椭圆形，3～4枚轮生，托叶披针形，生于叶柄间。聚伞花序圆锥状，具花10～15朵，花冠狭长筒状，暗红色至橙红色。浆果卵圆状，暗红色。

习　　性：性喜高温，喜光，荫蔽处枝叶徒长。喜肥沃、排水良好土壤。

观赏特征：枝叶繁茂，四季常绿，花多色艳，花期长，自春末至秋开花不断。橙黄色的花冠能吸引小型昆虫前往。

园林应用：适合于道路旁、庭院配植。可修剪成低矮植株片植或用于花境造景，也可以其自然生长形态孤植。

| 190 龙船花 | *Ixora chinensis* Lam. | 茜草科 |

形态特征：灌木。单叶对生，椭圆状披针形或倒卵状长椭圆形，叶柄短或几无。顶生伞房状聚伞花序，花冠红色或橙色，高脚碟状。浆果近球形，成熟时紫红色。
习　　性：性喜高温多湿。喜光，全日照或半日照时开花繁多，喜富含腐殖质、疏松肥沃的沙壤土。
观赏特征：四季常绿，花期几乎全年。盛花期花团锦簇，为优良热带木本花卉。
园林应用：适合于庭园、道路边缘布置，列植、片植均适合；也可作室内盆栽观赏。

| 191 团花（黄梁木） | *Neolamarckia cadamba* (Roxb.) Bosser | 茜草科 |

形态特征：乔木，树皮浅裂。单叶对生，纸质，椭圆形或椭圆状披针形，叶背密生柔毛，后渐无，托叶大。头状花序，花黄白色。聚花果肉质，球形；坚果革质。
习　　性：性喜湿热气候。适生于深厚肥沃、湿润的冲积土或沙质土壤，在干旱瘦瘠的土壤中生长不良。生长快，有"树木赛跑家"之称。
观赏特征：树干通直，具较高的枝下高，树形整齐，成熟植株高大，枝叶浓密。
园林应用：适合于建筑旁孤植、对植，或作行道树列植。其木材在工业中用途广泛。

192 金银花（忍冬） *Lonicera japonica* Thunb. 忍冬科

形态特征：半常绿缠绕藤本。枝细长中空，皮棕褐色。叶卵形，幼时两面具柔毛，老时光滑。花冠二唇形，初开时白色，后转黄色，芳香。浆果球形，黑色。

习　　性：喜光，耐荫、耐寒、耐旱。对土壤要求不严。根系发达，萌蘖力强。

观赏特征：植株轻盈，冬叶微红，花先白后黄，时常同一时间兼具两色的花朵，清香。

园林应用：可缠绕于篱垣、花架、花廊、凉棚之上作垂直绿化材料，也可附在山石上或植于挡土墙、山坡。老树桩用作盆景，姿态古雅。

193 大丽花（大理花） *Dahlia pinnata* Cav. 菊科

形态特征：草本。地下部分具肉质块根。叶对生，边缘具粗钝锯齿。头状花序顶生，大小、形状因品种不同而富于变化；花色有白、粉、黄、橙、红、紫红、堇、紫以及复色等。瘦果黑色，长椭圆形。

习　　性：喜干燥凉爽、阳光充足、通风良好环境，既不耐寒又畏酷暑，为短日照植物。

观赏特征：为国内外常见花卉，花色艳丽，花型多变，品种丰富。

园林应用：宜作花坛、花境及庭院栽植，矮生品种宜盆栽观赏。高型品种宜作切花，为花篮、花圈和花束制作的理想材料。

194 南美蟛蜞菊（三裂叶蟛蜞菊） *Wedelia trilobata* (L.) Hitch. 菊科

形态特征：宿根草本，茎横卧地面。叶对生，边缘有锯齿，叶面富光泽。头状花序具长柄，黄色。

习　　性：喜光植物，需强光。生性粗放，生长快速，耐旱、耐湿、耐瘠。对土质要求不严。

观赏特征：全年开花不断，夏秋季为盛花期，是优良的地被植物。叶色油绿，清雅的黄花点缀其上，风格清新，富于野趣。高地栽植呈悬垂性。

园林应用：作盆栽、吊盆、花台、地被或坡堤绿化均适宜。

195 万寿菊（臭芙蓉） *Tagetes erecta* L. 菊科

形态特征：一年生草本。茎光滑粗壮，羽状复叶对生，小叶披针形，边缘具锯齿。头状花序顶生；栽培品种极多，花色有乳白、黄、橙、橘红及复色；花型有单瓣、重瓣、绣球等。

习　　性：喜温暖，稍能耐早霜，喜光，抗性强，对土壤要求不严，生长迅速，易栽培。

观赏特征：花大色艳，花期长。

园林应用：矮型品种适宜作花坛布置或花丛、花境栽植；高型种可作切花，花圈、花篮、花车装饰，或作带状栽植可代篱垣。在墨西哥，该种有纪念、缅怀祖先之意。

196 芙蓉菊（玉芙蓉） *Crossostephium chinense* (L.) Makino 菊科

形态特征：灌木，上部多分枝。叶聚生枝顶，两面密被灰色短柔毛，叶色灰白。头状花序盘状。瘦果矩圆形。

习　　性：性喜温暖，湿润气候，喜光、不耐荫。耐热、耐旱、耐大风、耐碱，不耐水渍。土质以有机质丰富的疏松壤土为佳。

观赏特征：株型美丽，叶色叶形奇特。

园林应用：适宜作为花境、花坛的造景材料，盆栽亦可。在岭南民俗中芙蓉菊为辟邪吉祥植物。

197 福建茶（基及树） *Carmona microphylla* (Lam.) G. Don 紫草科

形态特征：灌木。叶在长枝上互生，短枝上簇生，倒卵形或匙状倒卵形，表面有光泽，有白色圆形小斑点。花小，常形成聚伞花序，花冠白色，核果球形，成熟时红色。

习　　性：喜光，喜温暖湿润气候，耐半荫，略耐旱，不耐寒。耐瘠薄。极耐修剪。

观赏特征：四季常绿，叶富光泽，花如繁星点缀绿叶中，花期几乎全年。

园林应用：是良好的绿篱植物和盆景树种。也可作植物雕塑。

198 鸳鸯茉莉（二色茉莉） *Brunfelsia acuminata* Benth. 茄科

形态特征：常绿灌木，叶互生，矩圆形，光亮。花单生或数朵聚生于新梢顶端，花冠高脚碟状，初开时淡紫色，后变白，故在一株上可看到白、紫两色的花朵，芳香。

习　　性：性喜高温、湿润、光照充足的气候条件，喜疏松肥沃的土壤，耐半荫，耐干旱，耐瘠薄，忌涝，畏寒冷。

观赏特征：花色富于变化，早春花多而香，秋季花较少。

园林应用：适用于建筑、庭院、公园等地散点植或作花篱，亦可盆栽观赏。

199 矮牵牛（碧冬茄） *Petunia hybrida* Vilm. 茄科

形态特征：多年生草本。全株具粘毛。叶卵形，几无柄。花冠漏斗形，先端具波浪状浅裂。栽培品种多，花形花色多变。

习　　性：性喜温暖，不耐寒，干热夏季开花繁茂，喜光忌涝，遇阴凉天气则花少叶茂。喜微酸性土壤。

观赏特征：花期长，冬季至春末花开不绝。该种花大而色彩丰富，有白、粉、红、紫、堇、赭至近黑色，或具各种斑纹，有单瓣、重瓣品种。

园林应用：适于花坛、吊盆及自然式花境布置。

200 五爪金龙（掌叶牵牛） *Ipomoea cairica* (L.) Sweet 旋花科

形态特征：多年生攀援藤本。根肉质。茎褐色，粗糙。叶互生，掌状深裂，具卷须。伞房状聚伞花序，花冠漏斗状，紫色。浆果球形，紫红色或紫黑色。

习　　性：喜全日照以及排水良好的环境，有很强的攀爬能力。生性强健。

观赏特征：叶色翠绿，花色淡雅。花朵通常清晨开发，仿晚凋谢。

园林应用：可作花廊花架篱垣的垂直绿化材料。但本种为外来入侵植物，应用时需加强管理，适时修剪。以免过度繁殖扩散。

201 炮仗竹（爆竹花） *Russelia equisetiformis* Schltr. et Cham. 玄参科

形态特征：直立灌木。茎细长，具纵棱。叶小，对生或轮生，退化成披针形的小鳞片。聚伞圆锥花序，花冠长筒状，红色。

习　　性：喜温暖湿润和半阴环境，也耐日晒，不耐寒，忌涝，耐修剪。

观赏特征：春、夏、秋三季均开花，以夏、秋为盛花期。红色长筒状花朵成串吊于纤细下垂的枝条上，犹如细竹上挂的鞭炮，饶有趣味。

园林应用：适合庭园陡峭坡地、挡土墙上部、吊盆、直立盆瓮等栽培。

202 蓝猪耳（夏堇） *Torenia fournieri* Linden ex Fourn. 玄参科

形态特征：草本。叶对生，具柄，边缘有锯齿。花生于上部叶腋内或为顶生的总状花序；花冠管淡青紫色，背黄色，上唇浅蓝色，不明显的2裂，下唇紫蓝色，3裂，中间的1裂片有黄斑。

习　　性：喜光，对土壤适应性较强，但以湿润而排水良好的壤土为佳，不耐寒，较耐高温。

观赏特征：叶色淡绿，花姿轻逸飘柔，花朵小巧，花色丰富，花期长，为夏季花卉匮乏时的优美草花。

园林应用：适合于花境、花坛、吊盆造景应用。

203 大岩桐（落雪泥） *Sinningia speciosa* Benth. et Hook. 苦苣苔科

形态特征：球根花卉。块茎扁球形。全株密布绒毛。叶对生，边缘有钝锯齿；叶背稍带红色。花冠阔钟形，裂片5，花色有白、粉、红、紫、堇青色等，也常见镶白边的品种。

习　　性：喜高温、潮湿、半荫环境，忌过分通风，喜疏松、肥沃、排水良好的腐殖质土壤。

观赏特征：花朵大，花色浓艳多彩，花期长。

园林应用：多于室内盆栽摆设。调控栽植期，可使该种在节日期间开放，可作为优美的室内布置材料。

204 非洲紫罗兰（非洲紫苣苔） *Saintpaulia ionantha* H. Wendl. 苦苣苔科

形态特征：多年生草本。全株有毛；叶基部簇生，稍肉质，叶片圆形或卵圆形，背面带紫色，有长柄。花1～6朵簇生在有长柄的聚伞花序上；花有短筒，花冠2唇，裂片不相等。堇色。

习　　性：性喜半荫且温暖湿润环境。夏季忌强光和高温，喜疏松、肥沃、排水良好的腐殖质土壤。

观赏特征：为小型温室盆花，花叶均具欣赏价值，花色绚丽多彩，花期长。

园林应用：适于室内作盆栽摆设，在欧美各国栽培十分普遍。

205 猫尾木

Dolichandrone cauda-felina (Hance) Benth.et Hook. f. 　紫葳科

形态特征：落叶乔木。树皮灰黄色。奇数羽状复叶，小叶 11～13 片，纸质，椭圆形。总状花序顶生；花大，花冠上部黄色，近喉部暗紫红色，漏斗状。蒴果圆柱状，悬垂，长 30～60cm，密被褐黄色绒毛，像猫尾巴，故名"猫尾木"。种子具膜质翅。

习　　性：喜光，稍耐荫，喜高温湿润气候。要求深厚肥沃、排水良好的土壤。性强健，生长迅速。

观赏特征：树冠浓郁，繁茂，花大显著，蒴果形态奇特，酷似猫的尾巴。

园林应用：适作庭院树或行道树。

206 蓝花楹

Jacaranda mimosifolia D. Don 　紫葳科

形态特征：落叶乔木。叶对生，二回羽状复叶，有羽片 10 多对，小叶细小，椭圆状披针形，顶端的一枚小叶明显大于其他小叶。圆锥花序顶生，花冠漏斗形，蓝色。蒴果。

习　　性：喜光，喜高温和干燥气候，耐干旱，不耐寒。对土壤要求不严，但需排水良好。

观赏特征：树冠伞形，枝叶轻盈飘逸，树姿优美，盛花期满树蓝花，比较罕见。

园林应用：适合作为园林风景树和行道树，孤植和列植均适宜。

207 吊瓜树（吊灯树） *Kigelia africana* (Lam.) Benth. 紫葳科

形态特征：乔木。奇数羽状复叶对生或轮生，长圆形或倒卵形，近革质，下面淡绿色，披微柔毛。花序顶生；花萼革质；花冠橘黄或褐红色。果柄长；果长圆柱形，坚硬。

习　　性：喜高温、湿润、阳光充足的环境。对土壤的要求不严，在土层深厚、肥沃、排水良好的砂质土壤中生长良好。

观赏特征：花序和果均悬垂，形状奇特，能吸引鸟类停留，富于趣味，为优美的观赏树。

园林应用：适作园林风景树。由于果实较大，且生长于较高枝端，选址需斟酌，以免伤及行人和车辆。

208 炮仗花（火把花） *Pyrostegia venusta* (Ker-Gawl.) Miers 紫葳科

形态特征：攀援状木质藤本。一回羽状复叶，对生，顶生的小叶常变成3叉的丝状卷须，叶面有光泽。圆锥状聚伞花序顶生；花冠橙红色，筒状。蒴果长线形。

习　　性：喜光，喜温暖湿润气候，宜栽于日照充足和通风处。以排水良好和深厚肥沃的土壤较好。

观赏特征：花橙红色茂密，累累成串，状如炮仗，花期长，为美丽的观赏藤本。

园林应用：适合栽培在花廊、花架上，或建筑物旁，遮荫观赏两相宜。

209 火焰木　　*Spathodea campanulata* Beauv.　　紫葳科

形态特征：常绿乔木。树皮灰褐色，稍纵裂。一回羽状复叶，对生，叶片椭圆形或倒卵形，两面被毛。花大，橙红色，花冠钟状。蒴果长圆状菱形。

习　　性：喜光，喜高温湿润气候，不耐寒。以深厚肥沃、排水良好的沙壤土为宜。不抗风。

观赏特征：树姿优美，树冠广阔，遮荫效果明显。花期长，花期时橙红色花序，灿烂夺目。

园林应用：适作行道树、园景树、遮荫树。庭园、校园、公园均可种植，单植、列植、群植均美观。

210 黄花风铃木（黄钟木）　　*Tabebuia chrysotricha* (Mart. ex DC.) Standl.　　紫葳科

形态特征：小乔木。掌状复叶，小叶4～5枚，倒卵形，纸质有疏锯齿，全叶被褐色细茸毛。花冠漏斗形，也像风铃状，花缘皱曲，花色鲜黄；花季时花多叶少，颇为美丽。果实为菁葖果。

习　　性：性喜高温，栽培土质以富含有机质之土壤或砂质土壤最佳。

观赏特征：花季时花多叶少，颇为美丽。春天枝条叶疏，清明节前后会开漂亮的黄花；夏天长叶结果荚；秋天枝叶繁；冬天树叶落尽，富于季相变化。

园林应用：可作园景树或行道树。

211 鸡冠爵床（红楼花） *Odontonema strictum* Kuntze —— 爵床科

形态特征：常绿灌木。叶对生，卵状披针形。总状花序顶生，花多而密，花冠管状，鲜红色。
习　　性：喜光，喜高温多湿气候，性强健，耐干旱，耐水湿。
观赏特征：叶色亮绿，花色艳丽，花期主要集中在秋季。
园林应用：为优良的观花灌木，适宜片状栽植。

212 翠芦莉（兰花草） *Ruellia brittoniana* Leonard —— 爵床科

形态特征：宿根性草本。茎略呈方形，红褐色。单叶对生，线状披针形，叶暗绿色，花冠漏斗状，腋生，蓝紫色，花瓣五裂，细波浪状。
习　　性：生性强健，喜高温。全日照、半日照均理想。不拘土质，但以肥沃壤土最佳。
观赏特征：花的寿命短，清晨开放黄昏凋谢。但植株花期极长，花繁多。花色多样，除常见的蓝紫色外，另有粉红、白色等。
园林应用：花姿幽美，是良好的地被植物，适合庭园成簇美化或作为组合盆栽的主景植物。

213 虾衣花（金苞虾衣花）　　*Plachystachys lutea* Nees　　爵床科

形态特征：常绿亚灌木，全体具毛。茎圆形，细弱，多分枝，嫩茎节基红紫色。叶卵形，对生，顶端具短尖，基部楔形，全缘。穗状花序顶生，下垂；具棕色、红色、黄绿色、黄色的宿存苞片。花白色，伸向苞片外，花分上下二唇形，上唇全缘或稍裂，下唇浅裂，上有3行紫斑花纹。
习　　性：性喜温暖、湿润环境。喜阳光也较耐荫，忌暴晒。
观赏特征：花型奇特，似龙虾、狐尾，十分有趣。常年开花不断。
园林应用：适合于花境自然式种植或于花坛片植造景，也可作室内盆栽观赏。

214 小驳骨　　*Gendarussa vulgaris* Nees　　爵床科

形态特征：常绿小灌木，茎直立，茎节膨大，青褐色或紫绿色。单叶对生，叶片披针形，先端尖，基部狭，边缘全缘，两面均无毛。叶柄短。花白色带淡紫色斑点，排成花序生于枝顶或上部叶腋，花冠二唇形。果实棒状。
习　　性：喜阳光充足，在肥沃、排水良好的地上生长较好。
观赏特征：枝叶繁茂，叶色墨绿。
园林应用：为良好的绿篱植物。本种对甲醛污染极敏感，可作为甲醛污染的指示植物。

215 金脉爵床（黄脉爵床） *Sanchezia nobilis* Hook. f. 爵床科

形态特征：常绿灌木。单叶对生，无叶柄，阔披针形，先端渐尖，基部宽楔形，叶全缘，叶面绿色，侧脉及边缘均为鲜黄色或乳白色。穗状花序，花冠管状，二唇形，黄色。

习　　性：喜半荫，强光易灼伤叶面。不耐寒。喜高温多湿气候，宜植于半遮荫和湿润之地，要求深厚肥沃的沙质土壤。

观赏特征：枝叶繁茂，叶面具色彩对比明显的斑纹，具极高观赏价值。

园林应用：适合于庭园半荫处丛植或片植栽培。

216 赪桐（状元红） *Clerodendrum japonicum* (Thunb.) Sweet 马鞭草科

形态特征：常绿灌木。嫩枝稍有柔毛，叶宽卵形或心形，边缘具浅锯齿，叶背面密生黄色小腺体，掌状脉。聚伞花序组成大型的顶生圆锥花序，花萼大，红色，花冠鲜红色，筒部细长，雄蕊突出花冠之外。果近球形，蓝黑色。

习　　性：喜光，喜温暖多湿的气候，耐半荫，耐湿又耐旱，不甚耐寒。生命力强，栽培不择土壤。

观赏特征：花色鲜艳，开花持久不衰。开花时花蕊突出花冠，犹如蟠龙吐珠，很奇特。

园林应用：为庭园美化的好材料，适合布置在树荫下。

217 红萼龙吐珠（红萼珍珠宝莲、红花龙吐珠） *Clerodendrum × speciosum*　马鞭草科

形态特征：常绿藤本攀援植物。叶对生，长卵形或卵状椭圆形，先端尖锐，全缘，浓绿色，具光泽。聚伞花序腋生或顶生；花冠鲜红色，萼片灯笼状，红色；雄蕊细长，伸出花外。

习　　性：喜温暖、湿润的气候，较喜肥，以肥沃、疏松、排水良好的微酸性砂壤土为宜，不耐水湿。

观赏特征：花形奇特，开花繁茂。

园林应用：适合装点棚架、篱栅等处，也可作台阁上的垂吊盆花布置。

218 龙吐珠（白萼赪桐） *Clerodendrum thomsonae* Balf.　马鞭草科

形态特征：落叶蔓性木质藤本，茎四棱。叶对生，卵状长圆形。聚伞花序腋生，春夏开花，花萼钟状，膨大呈三角状，白色，5裂；花冠高脚碟状，鲜红色。

习　　性：喜温暖、湿润的气候，不耐寒，喜阳光，但不宜烈日暴晒，较耐荫。以肥沃、疏松、排水良好的微酸性砂壤土为宜，不耐水湿。

观赏特征：开花繁茂，花形奇特，花萼白色，膨大似宝珠，鲜红色的花冠从萼中伸出，形似龙嘴喷出的火焰。

园林应用：宜盆栽观赏，也可作花架、台阁上的垂吊盆花布置。

219 假连翘　　　　Duranta erecta L.　　　　马鞭草科

形态特征：常绿灌木，枝下垂或平展，具皮刺。叶对生，长卵圆形、卵椭圆形或倒卵形，中部以上有粗齿。花蓝色或淡蓝紫色，总状花序呈圆锥状。核果球形，熟时红黄色，有光泽。

习　　性：喜光，喜温暖湿润的气候，在全日照或半日照条件下生长良好。不耐寒，耐半荫，耐修剪。

观赏特征：枝条柔软下垂，花色与果色极富色彩美。观花、观叶、观果并举。

园林应用：丛植于草坪或与其他树种搭配，也可作绿篱，还可与其他彩色植物组成模纹花坛，可以形成色彩明丽的地被绿色景观。

其他栽培变种：

a：金叶假连翘（黄金叶）'Dwarf Yellow'，嫩叶金黄色，花冠淡紫色。

b：花叶假连翘（花叶金露花）'Variegata'，叶缘有黄白色条纹，花冠淡紫色。

金叶假连翘

花叶假连翘

220 马缨丹（五色梅、臭草、如意草）　　Lantana camara L.　　马鞭草科

形态特征：茎四棱形，有短柔毛，通常有短的倒钩状刺，全株有刺激性异味。单叶对生，卵形或卵状长圆形，两面有糙毛。头状花序腋生，花冠黄色、橙黄色、粉红色至深红色。果圆球形，熟时紫黑色。全年开花。

习　　性：喜光，性喜温暖湿润气候，对土壤要求不严，以深厚肥沃和排水良好的沙质土壤较佳。

观赏特征：是极美的观赏植物，在华南地区全年可开花。花色艳丽，花期长，常吸引蝶类采食其花蜜。

园林应用：常在庭园中作为花坛和地被植物，片植、带植都能形成彩色色块，甚是美观。

常见栽培变种：

黄马缨丹 'Flava' 花冠金黄色。可作地被、花丛；片植、带植都适合。

黄马缨丹　　　　　马缨丹

221 蔓马缨丹　　Lantana montevidensis (Spreng) Briq.　　马鞭草科

形态特征：灌木，枝下垂，被柔毛。叶卵形，基部突然变狭，边缘有粗齿。头状花序具长总花梗；花淡紫红色；苞片阔卵形，长不超过花冠管的中部。花期全年。

习　　性：喜光，性喜温暖湿润气候，对土壤要求不严，以深厚肥沃和排水良好的沙质土壤较佳。

观赏特征：花期长，花色艳丽。

园林应用：常在庭园中作为花坛和地被植物，片植、带植能形成彩色条带，甚是美观。

222 冬红   *Holmskioldia sanguinea* Retz.   马鞭草科

形态特征：灌木。叶卵形或宽卵形，具锯齿，两面疏被毛及腺点，沿叶脉毛较密。花序为圆锥花序，花萼朱红色或橙色，倒圆锥状碟形，网脉明显，花冠朱红色，筒部长，被腺点。核果倒卵形。

习　　性：喜光，喜温暖多湿的气候，不耐寒。喜肥沃及保水能力好的沙质土壤。

观赏特征：花色浓艳，花萼扩展形似帽檐，故又名"帽子花"，形态别致。

园林应用：庭园常见木本花卉，孤植、丛植均可。

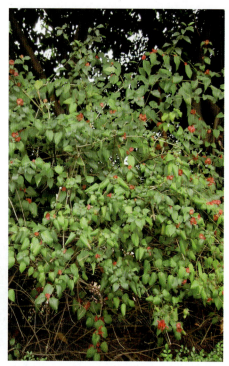

223 柚木   *Tectona grandis* L. f.   马鞭草科

形态特征：热带高大阔叶乔木，树干通直。小枝四棱形，被星状毛。单叶交互对生，厚纸质，全缘，倒卵形或广椭圆形，背面密被灰黄色星状毛。圆锥花序顶生，花冠黄白色，芳香。核果近球形，密被锈色毛，藏于宿存的膜质花萼内。

习　　性：喜光，喜温暖湿润气候，在疏松、肥沃、湿润的土壤上生长较好。

观赏特征：树形高大，叶大，生长迅速，是珍贵木材树种。

园林应用：适作庭园树、行道树及四旁绿化树种。

224 彩叶草（锦紫苏）　　*Coleus hybridus* Voss　　唇形科

形态特征：为多年生草本植物，多作一、二年生栽培。茎四方柱，全株有毛，茎为四棱，基部木质化，单叶对生，卵圆形，先端长渐尖，缘具钝齿牙，叶面绿色，有淡黄、桃红、朱红、紫等色彩鲜艳的斑纹。顶生总状花序，花小，浅蓝色或浅紫色。小坚果平滑有光泽。

习　　性：喜温暖、湿润和阳光充足，夏天高温要求半荫环境，要求疏松肥沃土壤。

观赏特征：叶色色彩艳丽，是叶色、叶形、叶面图案都富有特点和观赏价值的品种。

园林应用：常用于布置花坛或美化装饰。

225 一串红（炮仗红）　　*Salvia splendens* Ker-Gawl.　　唇形科

形态特征：草本。叶片卵形或卵圆形，两面无毛。轮伞花序具2～6花，密集成顶生假总状花序，苞片卵圆形。花萼钟形，绯红色，花冠红色，冠筒伸出萼外，外面有红色柔毛，雄蕊和花柱伸出花冠外。小坚果卵形，有3棱，平滑。

习　　性：喜温暖和阳光充足环境。不耐寒，耐半荫，忌霜雪和高温，怕积水和碱性土壤。

观赏特征：花呈小长筒状，色红艳而热烈，花开时，总体像一串串红炮仗。花期长。

园林应用：常用作花坛、花境的主体材料，景观效果特别好。矮生品种盆栽，用于窗台、阳台美化和屋旁、阶前点缀，色彩娇艳，气氛热烈。

226 蚌兰（紫背万年青，蚌花） *Tradescantia spathacea* Sw. 鸭跖草科

形态特征：多年生草本。茎粗厚且短，不分枝。叶互生，披针形，叶面暗绿色，叶背紫色，叶基部成鞘状。花序密集且多数，花白色，为两枚蚌壳状的苞片所包藏，花丝上有白色长毛。花期8～10月。

习　　性：喜温暖、湿润的环境，不耐寒，要求土壤疏松、肥沃、排水良好。

观赏特征：叶面光亮翠绿，叶背深紫，白色花朵被一片河蚌般的紫色萼片包裹，是常见的盆栽观叶植物。

园林应用：适合于庭园或花坛布置，带植、片植均适合。

常见栽培变种：

小蚌兰 'Compacta' 与原种的主要区别为成株较小，叶小而密生，开花不易。

蚌兰

小蚌兰

227 吊竹梅（斑叶鸭跖草） *Tradescantia zebrina* hort. ex Bosse 鸭跖草科

形态特征：多年生常绿草本。茎多分枝，匍匐性，节处生根。茎上有粗毛，茎叶略肉质。叶互生，基部鞘状，端尖，全缘，叶面银白色，中部及边缘为紫色，叶背紫色。花小，紫红色，苞片叶状，紫红色，小花数朵聚生在苞片内。

习　　性：喜温暖湿润环境，耐荫，畏烈日直晒，适宜疏松肥沃的沙质壤土。

观赏特征：枝叶匍匐悬垂，叶色紫、绿、银色相间，光彩夺目。

园林应用：庭园栽培常用来作整体布置。

| 228 | 紫鸭跖草（紫竹梅） | *Setcreasea purpurea* B. K. Boom | 鸭跖草科 |

形态特征：多年生草本。茎基多分枝匍匐生长，叶互生，披针形或长椭圆形，叶面绿色，有紫白色相间的纵条，叶背紫色。花小紫色，几乎全年开花。
习　　性：喜温暖湿润的环境，不耐寒。要求土壤疏松、肥沃、排水良好。
观赏特征：草叶片色彩鲜艳，全年呈紫红色，枝或垂或蔓，特色鲜明。
园林应用：在园林中常作地被植物，形成大色块。

| 229 | 芭蕉（扇仙） | *Musa basjoo* Sieb. et Zucc. | 芭蕉科 |

形态特征：多年生高大草本植物，丛生。茎由叶鞘重叠而成，称假茎，茎略带红色。叶大型，长椭圆形，质厚，长可达3m，中脉粗壮明显，两侧有平行脉，全缘，叶面呈微绿色，叶背略带白色。花黄色，外包略带红色的大苞片。果肉质，香蕉状，但较短。
习　　性：喜光，耐半荫。喜温暖，不耐寒，好生于向阳、背风、湿润、肥沃、疏松之地，黏土及极瘠薄处生长不良。对有毒气体有较强的抗性。
观赏特征：植株高大，绿荫如盖，扶疏可爱。
园林应用：宜配植于庭中、窗前或墙隅。芭蕉还可雨中听声，其音悦耳，尤富情趣。

230 旅人蕉（扇芭蕉） *Ravenala madagascariensis* Adans.　旅人蕉科

形态特征：常绿乔木状多年生草本植物。干直立，不分枝。叶成两纵列排于茎顶，呈窄扇状，叶片长椭圆形。蝎尾状聚伞花序腋生，总苞船形，白色。

习　　性：喜光，喜高温多湿气候，夜间温度不能低于8℃。要求疏松、肥沃、排水良好的土壤，忌低洼积涝。

观赏特征：叶片硕大奇异，姿态优美，极富热带风光。叶柄内藏有许多清水，可解游人之渴。

园林应用：适宜在公园、风景区栽植观赏。

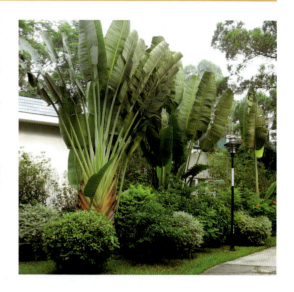

231 鹤望兰（天堂鸟） *Strelitzia reginae* Aiton.　旅人蕉科

形态特征：常绿多年生草本，丛株性，无主干。有粗肉质根，叶片长圆状披针形，革质，灰绿色。佛焰苞状总苞水平生长。花两性，有三枚直立橙黄色萼片和三枚天蓝色瓣片。春夏开花，花期长达两个月。

习　　性：性喜温暖、湿润的气候，要求阳光充足，不耐寒，怕霜雪，冬季要求不低于5℃，生长18～24℃，喜在富含有机质的粘质土壤中生长。

观赏特征：花期长，花佛焰苞状，色彩艳丽，姿态奇特。

园林应用：适合庭院种植。

232 花叶艳山姜（花叶良姜）   *Alpinia zerumbet* (Pers.) Burtt et Smith 'Variegata'   姜科

形态特征：多年生草本花卉。根茎横生，肉质。叶革质，有短柄，短圆状披针形；叶面深绿色，并有金黄色的纵斑纹、斑块，富有光泽。圆锥花序下垂，苞片白色，边缘黄色，顶端及基部粉红色，花弯近钟形，花冠白色。

习　　性：喜高温多湿环境，不耐寒，怕霜雪，喜阳光又耐荫，宜在肥沃而保湿性好的土壤中生长。

观赏特征：叶片宽大，色彩绚丽迷人；6～7月开花，花姿雅致，花香诱人，是一种极好的观叶植物。

园林应用：用于点缀庭院、池畔或墙角处，别具一格。种植在溪水旁或树荫下，又能给人以回归自然、享受野趣的快乐。

233 美人蕉   *Canna indica* L.   美人蕉科

形态特征：多年生草本，具肉质根状茎。叶矩圆形，绿色或紫红色。叶柄鞘状。顶生总状花序，花大，由5枚退化雄蕊和扁平的花柱组成瓣状的花冠，呈乳白、黄、粉红、橙、红等色或各色斑点。

习　　性：喜光，喜温暖湿润，不耐寒，对适应性强。

观赏特征：叶大，株形好，花大艳丽，是观叶、观花的花卉。

园林应用：可用来布置花坛和美化庭院，能够吸收有害气体。

234 水竹芋   *Thalia dealbata* Fraser   竹芋科

形态特征：多年生挺水草本。叶互生，卵状披针形，叶色青绿，边缘紫色。复总状花序，小花多数，花冠淡紫色。全株附有白粉，花期7～9月。

习　　性：喜温暖水湿、阳光充足的气候环境，不耐寒，入冬后地上部分逐渐枯死。以根茎在泥中越冬。在微碱性的土壤中生长良好。

观赏特征：株形美观洒脱，叶色翠绿可爱，是水景绿化的上品花卉。

园林应用：适于水池湿地种植美化，也可作盆栽观赏。

235 紫背竹芋（红背卧花竹芋） *Stromanthe sanguinea* Sond. 竹芋科

形态特征：多年生常绿草本。根状茎肉质，直立。叶片椭圆形至长圆形，厚革质，深绿色有光泽，中脉浅色，叶背紫红色或有绿色条纹。花序圆锥状，苞片及萼片鲜红色，花瓣白色。花期冬季至春季。

习　　性：喜温暖、潮湿、荫蔽环境。生长适温 20～30℃，土壤以富含腐殖质、疏松透水者为宜。

观赏特征：枝叶生长茂密、株形丰满；叶面浓绿亮泽，叶背紫红色，形成鲜明的对比，是优良的观叶赏花植物。

园林应用：可用于布置花坛或庭院。片植、丛植、带植均可。

236 天门冬（武竹） *Asparagus cochinchinensis* (Lour.) Merr. 百合科

形态特征：多年生常绿半蔓生草本，茎基部木质化，多分枝，丛生下垂，叶线形，扁平，绿色有光泽，花多白色，浆果球形，成熟后红色。

习　　性：喜温暖湿润、半荫、耐干旱和瘠薄，不耐寒，冬季须保持 6℃ 以上温度。

观赏特征：亮绿色小叶有序地着生于散生悬垂的茎上，秋冬结红果，秀丽飘逸，极具观赏性。

园林应用：是会场、厅堂摆设盆花时镶边的好材料，也是人们喜爱的室内盆栽观果、观叶植物以及插花良好陪衬材料，在荫蔽处还可以条植。

237 蜘蛛抱蛋（一叶兰） *Aspidistra elatior* Bl. 百合科

- 形态特征：多年生常绿草本。根状茎粗壮横生。叶单生，有长柄，坚硬，挺直，叶长椭圆状披针形或阔披针形。顶部渐尖，基部楔形，边缘波状，深绿色而有光泽。花葶自根茎抽出，紧附于地面。花基部有两枚苞片，花被钟形，外紫色，内深紫色。
- 习　　性：性喜阴湿温暖，忌干燥和阳光直射，喜疏松而排水良好的土壤。耐寒。
- 观赏特征：叶片浓绿光亮或叶色斑驳，质硬挺直，是很好的阴湿处造景植物。
- 园林应用：可作为林下地被植物。可盆栽于室内观赏。

238 吊兰 *Chlorophytum comosum* (Thunb.) Baker 百合科

- 形态特征：多年生常绿草本。叶基生，细长，鲜绿色；从叶间抽出匍匐枝，伸出气根处萌发新株。花茎上着花1～6朵。常见栽培种有金边吊兰、银心吊兰。
- 习　　性：性喜温暖湿润及半荫环境，不耐寒。喜肥沃的沙质壤土。
- 观赏特征：叶色鲜翠，叶形如兰，清新雅致，是人们喜爱的常见家庭观叶花卉。
- 园林应用：是最常见的室内盆栽观赏植物，也可作为园林中的点缀植物。

239 土麦冬（山麦冬） *Liriope spicata* (Thunb.) Lour. 百合科

- 形态特征：常绿宿根草本。根状茎短，木质。叶长条状披针形，较狭长短硬。花葶短而纤细；总状花序，每苞腋着花1～4朵；淡紫色。种子黑色。
- 习　　性：喜阴湿，阳光直射叶易变黄。对土壤要求不严，以湿润肥沃的沙质壤土最为适合。较耐寒。
- 观赏特征：株丛低矮，终年常绿，是良好的观叶植物。
- 园林应用：常作为花境、花坛的镶边材料，或山石旁、小路旁均可。同时也可作为林下地被植物使用。

240 银纹沿阶草　　*Ophiopogon intermedius* 'Argenteo-marginatus'　　百合科

形态特征：多年生草本，高约 5～30cm。叶丛生，无柄，窄线形，革质，叶面有银白色纵纹，叶端弯垂。总状花序，花小，淡蓝色，夏季开放。

习　　性：性喜温暖湿润、半荫及通风良好的环境，喜富含腐殖质、肥沃而排水良好的沙质壤土。粘重土壤生长不良。极耐寒。

观赏特征：为观叶草本植物。

园林应用：适合草坪边缘栽植，也可与林带下层进行层基栽植，或做建筑背阴面的层基绿化，或点缀于假山石景等处。此外，可盆栽于室内观赏。

241 沿阶草（麦冬）　　*Ophiopogon japonicus* (L. f.) Ker-Gawl.　　百合科

形态特征：草本。根茎粗短，根端或中部膨大呈纺锤形肉质块根。具细长匍匐茎，其上膜质鳞片。叶丛生，线形，主脉不隆起。花葶有棱，低于叶丛，总状花序较短，着花约 10 朵。淡紫色或白色，种子浆果状，成熟时蓝黑色。

习　　性：性喜温暖湿润、半荫及通风良好的环境，喜富含腐殖质、肥沃而排水良好的沙质壤土。极耐寒。

观赏特征：叶色终年浓绿，为很好的地被植物。

园林应用：适合草坪边缘栽植，也可与林带下层进行层基栽植，或做建筑背阴面的层基绿化，或点缀于假山石景等处。

常见栽培变种：矮生沿阶草（玉龙草）'Nanus'

形态特征：矮生贴地生长，长势缓慢。株高 5～10 cm，叶丛生，无柄，窄线形，墨绿色，革质弯性。夏季开淡蓝色小花，总状花序。

习　　性：耐旱喜肥，耐低温，抗逆行强，耐荫。

观赏特征：四季常绿，移栽易活，管理粗放，是非常优秀的地被绿化植物。

园林应用：适合草坪边缘栽植，也可与林带下层进行层基栽植，或做建筑背阴面的层基绿化，或点缀于假山石景等处。

| 242 | 吉祥草（松寿兰） | *Reineckea carnea* (Andr.) Kunth | 百合科 |

形态特征：叶片丛生，宽线形，中脉下凹，尾端渐尖，长15～40cm；茎呈匍匐根状，节端生根；花期9～10月，花淡紫色，直立，顶生穗状花序，长约6cm；果鲜红色，球形。
习　　性：喜温暖、湿润、半荫的环境，对土壤要求不严格，以排水良好的肥沃壤土为宜。
观赏特征：株形典雅，绿色明目，常取其吉祥之意，放于厅堂、书斋，也可置于会议室的几案上。
园林应用：温暖之地可作为地被植物成片栽植，冷凉之地可盆栽。适合栽水边、石边，及盆栽观赏。

| 243 | 梭鱼草 | *Pontederia cordata* L. | 雨久花科 |

形态特征：多年生挺水草本植物，株高80～150cm。叶柄绿色，圆筒形，横切断面具膜质物。叶片光滑，呈橄榄色，倒卵状披针形。叶基生广心形，端部渐尖。穗状花序顶生。长5～20cm，蓝紫色带黄斑点，果实初期绿色，成熟后褐色。
习　　性：喜温暖湿润、光照充足的环境条件，常栽于浅水池或塘边，适宜生长发育的温度范围为18～35℃，18℃以下生长缓慢，10℃以下停止生长。
观赏特征：植株挺拔秀丽，花、叶、梗均具观赏价值。
园林应用：可成片栽植于池塘水景中，与睡莲等浮叶植物配植形成壮阔的景观。也可几株点缀于山石、驳岸处，或盆栽摆放于门口、室内等处欣赏。

244 菖蒲（水菖蒲）　　Acorus calamus L.　　天南星科

形态特征：为多年生挺水型草本植物。全株有特殊香气。具横走粗壮而稍扁的根状茎，叶片剑状线形，长50～120cm，端渐尖，中部宽1～3cm，叶基部成鞘状。花茎基出，扁三棱形，肉穗花序直立或斜生，圆柱形，黄绿色。浆果红色，长圆形。

习　　性：最适宜温度为20～25℃，10℃以下停止生长，冬季地上部分枯死，以地下茎越冬，喜水湿。

观赏特征：菖蒲叶形如剑，叶端庄整齐，叶丛青翠苍绿，全株有香气。

园林应用：宜布置于水景岸边浅水处。

245 广东万年青（亮丝草）　　Aglaonema modestum Schot ex Englt.　　天南星科

形态特征：多年生草本，株高60～70cm，茎直立不分枝，节间明显。叶互生，叶柄长，基部扩大成鞘状，叶绿色，长披针形或卵圆披针形。秋季开花，花序腋生，短于叶柄。

习　　性：性喜温暖湿润的环境，好在半荫处生长，冬季保持5℃以上即可越冬。对土壤要求不严。

观赏特征：其叶片宽阔光亮，四季翠绿，是很好的观叶植物。

园林应用：盆栽点缀厅室，或成片栽植于室外观赏。

246 海芋　　*Alocasia macrorhiza* (L.) Schott　　天南星科

形态特征：多年生常绿大草本植物。茎粗壮，皮茶褐色，高可达3m，茎内多粘液，巨大的叶片呈盾形，长30～90cm，叶柄可长达1m。佛焰苞白绿色，肉穗花序短于佛焰苞，浆果红色。

习　　性：性喜高温多湿的半荫环境，畏夏季烈日，对土壤要求不严，但肥沃疏松的砂质土有利块茎生长肥大。盆栽时一般用肥沃园土即可。

观赏特征：大型观叶植物，叶形及色彩均美丽。

园林应用：宜成片配植于林下，也可用大盆或木桶栽培，做盆栽观赏，布置大型厅堂或室内花园。

247 龟背竹（蓬莱蕉）　　*Monstera deliciosa* Liebm.　　天南星科

形态特征：半蔓型，茎粗壮，茎上着生有长而下垂的褐色气生根，可攀附它物上生长。叶厚革质，互生，暗绿色或绿色；幼叶心脏形，没有穿孔，长大后叶呈矩圆形，具不规则羽状深裂，自叶缘至叶脉附近孔裂，如龟甲图案，花状如佛焰，淡黄色。

习　　性：喜温暖湿润的环境，忌阳光直射和干燥，喜半荫，耐寒性较强。对土壤要求不甚严格，在肥沃、富含腐殖质的砂质壤土中生长良好。

观赏特征：株形优美，叶片形状奇特，叶色浓绿，且富有光泽，整株观赏效果较好。

园林应用：室内摆放或种植于花园的水池边和大树下，颇具热带风光。

248 春羽　　*Philodenron selloum* Koch　　天南星科

形态特征：茎极短，叶从茎的顶部向四面伸展，排列紧密、整齐，呈丛生状。叶柄坚挺而细长，可达 1m，叶片巨大，呈粗大的羽状深裂，浓绿而有光泽。

习　　性：喜半荫，喜温暖多湿气候，对土壤要求不严，在肥沃、富含腐殖质的砂质壤土中生长良好。

观赏特征：叶片巨大奇特，叶色浓绿，且富有光泽，是很好的观叶植物。

园林应用：盆栽观赏，也可栽植于水边观赏。

249 绿萝（黄金葛）　　*Epipremnum pinnatum* (L.) Engl.　　天南星科

形态特征：蔓性多年生。茎叶肉质，以攀援茎附于他物上，茎节有气根。叶广椭圆形，腊质，暗绿色，有的镶嵌着金黄色不规则斑点或条纹。

习　　性：喜温暖湿润和半荫环境，对光照反应敏感，怕强光直射，土壤以肥沃的腐叶土或泥炭土为好，冬季温度不低于15℃。

观赏特征：绿萝叶片金绿相间，叶色艳丽悦目，株条悬挂，下垂，富于生机。

园林应用：可作柱式或挂壁式栽培，也可缠绕树干。

250 白蝴蝶（银白合果芋） *Syngonium podophyllum* Schott 'White Butterfly' 天南星科

形态特征：多年生常绿草质藤本。茎节具气生根，从叶柄基部中间窜出。幼时呈丛生状，后茎伸长为藤本。叶具长柄，下部有叶鞘。叶较合果芋宽，呈宽箭形，质薄，叶淡绿色，中间白绿色，背面绿色，长约16cm，宽约9cm。

习　　性：喜高温多湿、含半荫的环境，生长的适宜温度为15～25℃，适生于富含腐殖质的微酸性壤土。

观赏特征：叶形别致，状似蝶翅，清新亮泽。

园林应用：片植或图腾柱式栽培。

251 金钱树（雪铁芋） *Zamiaculcas zamiifolia* Engl. 天南星科

形态特征：属于多年生常绿草本植物，茎基部膨大成球状，贮藏有大量水分。叶子椭圆形，羽状螺旋着生在肥大的肉质茎上，像一串串铜钱，因而得名。叶墨绿色，富有光泽。

习　　性：喜暖热、半荫及年平均气候变化小的环境。它比较耐干旱，但畏寒冷，忌强光暴晒，忌积水，要求土壤疏松肥沃，排水良好，富含有机质，呈酸性至微酸性。

观赏特征：叶形美观，叶色常绿，是很好的观叶植物。

园林应用：常作盆栽观赏。

252 朱顶红（孤挺花） *Hippeastrum vittatum* (L'Her.) Herb. 石蒜科

形态特征：多年生草本植物。具鳞茎，剑形叶左右排列，柱状花葶巍然耸立当中，顶端着花4～8朵，两两对角生成，花朵硕大豪放，花色艳丽悦目。常见栽培有大红、粉红、橙红各色品种，有的花瓣还密生各色条纹或斑纹。花期4～6月。

习　　性：喜温暖、半荫环境，宜于疏松肥沃砂壤土生长。生长适温为18～22℃。

观赏特征：花大色艳，是很好的观花花卉。

园林应用：是优良室内盆栽花卉，又是上等切花材料，也可在园林中片植。

253 大花君子兰（大叶石蒜）　　*Clivia miniata* Regel　　石蒜科

形态特征：多年生常绿草本。根肉质纤维状。基部具叶基形成的假鳞茎。叶形似剑，互生排列，全缘。伞形花序顶生，每个花序有小花7～30朵，多的可达40朵以上。小花有柄，在花葶顶端呈两行排列。花漏斗状，黄或橘黄色。浆果球形，初为绿色或深绿色，成熟后呈红色。

习　　性：喜半荫，怕强烈直射阳光。冬季要保持5～8℃的温度，喜温暖、凉爽气候，要求肥沃、疏松、透气性良好而稍带酸性的土壤。不耐水湿，忌排水不良和透气性差的土壤，有一定耐旱性。

观赏特征：花、叶均美，是很好的观赏植物。

园林应用：宜盆栽作室内摆设。

254 葱兰（葱莲）　　*Zephyranthes candida* (Lindl.) Herb.　　石蒜科

形态特征：多年生常绿草本植物，株高15～20cm。具小而颈部细长、长卵圆形的鳞茎。叶基生，线形稍肉质，暗绿色，叶直立或稍倾斜。花期7～9月，花茎从叶丛一侧抽出，花梗中空，顶生一花，白色。

习　　性：喜光，耐半荫。喜温暖，有较强的耐寒性。喜湿润，耐低湿。喜排水良好、肥沃而略黏质的土壤。

观赏特征：植株低矮，花朵洁白，花期长。

园林应用：可成片植于林缘或疏林下。

255 韭兰（风雨花）　　Zephyranthes carinata Herb.　　石蒜科

形态特征：多年生草本，地下具卵形鳞茎。叶线形，基部簇生5～6叶，柔软。春夏间开花，花粉红色，从一管状、淡紫红色的总苞内抽出，单生于花茎顶端，花喇叭状。
习　　性：喜光，耐半荫，要求空气湿度较大。以肥沃的砂质壤土为佳。
观赏特征：植株低矮，花大而美丽，花期长。
园林应用：可成片植于林缘或疏林下。

256 文殊兰（十八学士）　　Crinum asiaticum L. var. sinicum (Roxb.ex Herb.) Baker　　石蒜科

形态特征：宿根花卉。地上具被膜假鳞茎，长柱形。叶带状披针形，边缘波状。花葶直立，高约60cm，花序伞形，10～24朵，花大，长14～18cm，白色，有时带粉红色，芳香。蒴果球形。花期7～9月。
习　　性：性喜温暖、湿润，略耐荫。耐盐碱。不耐寒，冬季需在不低于5℃的室内越冬。
观赏特征：花、叶均美，具有较高的观赏价值。
园林应用：既可作草坪的点缀物，又可作庭院装饰花卉，还可作房舍周边的绿篱。

257 蜘蛛兰（水鬼蕉） *Hymenocallis americana* M. Roem.　石蒜科

形态特征：宿根花卉。鳞茎，叶剑形，端锐尖，多直立，鲜绿色。花葶扁平，高30～70cm；花白色，无梗，呈伞状着生；有芳香；花筒部长短不一，15～18cm，带绿色；花被片线状，一般比筒部短；副冠钟形或阔漏斗形，具齿牙缘。

习　　性：喜光，喜温暖湿润，不耐寒；喜肥沃的土壤。盆栽越冬温度15℃以上。生长期水肥要充足。

观赏特征：花、叶均美，盛花时，一片雪白，甚是好看。

园林应用：阴地植物。常用于花境，片植，盆栽。

258 龙舌兰 *Agave americana* L.　龙舌兰科

形态特征：多年生常绿植物，植株高大。叶色灰绿或蓝灰，基部排列成莲座状。叶缘刺最初为棕色，后呈灰白色，末梢的刺长可达3cm。花梗由莲座中心抽出，花黄绿色。巨大的花序高可达7～8m，是世界上最长的花序。

习　　性：喜温暖、光线充足的环境，生长温度为15至25℃。耐旱性极强，要求疏松透水的土壤。

观赏特征：株形特别，叶片坚挺美观、四季常青。

园林应用：常用于盆栽或花槽观赏，也可点缀庭园或草坪。

常见变种：

a. 金边龙舌兰 var. *marginata* Hort. 叶缘有黄色条带镶边。

b. 银边龙舌兰 var. *marginata-alba* Trel. 叶缘有白色条带镶边。

金边龙舌兰　　　银边龙舌兰

| 园林植物 | 131

259 朱蕉（红铁）　　Cordyline fruticosa (L.) A. Chev.　　龙舌兰科

形态特征：常绿灌木。茎直立，细长，丛生。叶革质，剑状，聚生枝端，具有深沟的叶柄，原种为铜绿色带棕红，幼叶在开花时变深红，栽培变种具不同程度的红、紫色。圆锥花序。小花白色，或带黄、或带红。浆果红色，球形。

习　　性：喜光，喜高温高湿，忌烈日。但也能耐荫，较耐寒。对土壤要求不严。

观赏特征：观赏其特异的茎秆及多姿的叶态、叶色。

园林应用：庭园栽植或室内观赏。

260 巴西铁树（香龙血树）　　Dracaena fragrans (L.) Ker-Gawl.　　龙舌兰科

形态特征：常绿乔木，株形整齐，茎干挺拔。叶簇生于茎顶，长40～90cm，宽6～10cm，尖稍钝，弯曲成弓形，有亮黄色或乳白色的条纹；叶缘鲜绿色，且具波浪状起伏，有光泽。花小，黄绿色，芳香。

习　　性：喜光照充足、高温、高湿的环境，亦耐荫、耐干燥，喜肥沃疏松的土壤。

观赏特征：为株形优美的观叶植物。

园林应用：作为色块成片种植，或与岩石配置，或在庭园中作点缀。

261 金黄百合竹（金心百合竹） *Dracaena reflexa* Lam. 龙舌兰科

形态特征：多年生常绿灌木或小乔木。叶线形或披针形，全缘，叶缘绿色，中央呈金黄色，有光泽。松散成簇。花序单生或分枝，常反折，花白色。

习　　性：习性强健，喜高温多湿，生长适温20～28℃，耐旱也耐湿。宜半荫，忌强烈阳光直射，越冬要求12℃以上。

观赏特征：叶色殊雅，是很好的观叶植物。

园林应用：园林中常作为灌木色块，也可作室内观赏。

262 万寿竹（富贵竹） *Disporum cantoniense* (Lour.) Merr. 龙舌兰科

形态特征：常绿亚灌木状植物，植株细长，直立上部有分枝。根状茎横走，结节状。叶互生或近对生，纸质，叶长披针形，有明显3～7条主脉，具短柄，浓绿色。伞形花序有花3～10朵生于叶腋或与上部叶对花，花冠钟状，紫色。浆果近球形，黑色。

习　　性：性喜温暖湿润及荫蔽环境。喜散射光，忌烈日直晒。宜疏松、肥沃土壤。

观赏特征：富贵竹亭亭玉立，姿态秀雅，茎叶似翠竹，青翠可人。

园林应用：室内摆放具富贵吉祥之意，林缘或地下岩石园中种植也很相宜。

263 酒瓶兰　　*Nolina recurvata* (Lem.) Hemsl.　　龙舌兰科

形态特征：常绿灌木。茎形状奇特，干的基部特别膨大，状如酒瓶。膨大部分具有厚木栓层的树皮，且龟裂成小方块。叶细长、线形、薄革质、下垂，叶缘细锯齿，长可达 1.5～2m。

习　　性：喜日照充足，较喜肥，喜砂质壤土，耐干燥，耐寒力强。

观赏特征：酒瓶兰茎干挺拔丰腴，线叶亮丽流畅，外形奇特，为珍奇的观赏花卉。

园林应用：适合室内摆放或点缀于灌木丛、岩石边。

264 虎尾兰（虎皮兰）　　*Sansevieria trifasciata* Prain　　龙舌兰科

形态特征：多浆植物，具匍匐的根状茎，褐色，半木质化，分枝力强。叶片从地下茎生出，丛生，扁平，直立，先端尖，剑形，全缘。叶色浅绿色，正反两面具白色和深绿色的横向如云层状条纹，状似虎皮，表面有很厚的蜡质层。圆锥花序具香味，多不结实。

习　　性：性喜温暖向阳环境。耐半阴，怕阳光暴晒。耐干旱，忌积水。土壤不拘，以排水良好的沙质土壤为宜。

观赏特征：叶形耸立如利剑，叶片斑纹如虎尾，有如绿色的武士，极有神韵。

园林应用：适合室内摆放或点缀于灌木丛、岩石边。

常见栽培变种：

a. 金边虎尾兰 var. *laurentii* (De Wild.) N. E. Br. 其不同之处是叶的边缘金黄色。

b. 短叶虎尾兰（小虎兰）'Hahnii.' 叶短，长 15～30 cm。

金边虎尾兰　　虎尾兰

265 象脚丝兰（荷兰铁） Yucca elephantipes Regel 龙舌兰科

形态特征：常绿木本植物。茎干粗壮、直立，褐色，有明显的叶痕，茎基部可膨大为近球状。叶窄披针形，着生于茎顶，末端急尖，革质，坚韧，全缘，绿色，无柄。

习　　性：喜温，耐旱，耐荫，有一定抗寒能力，生长适宜温度为 15～25℃，对土壤的要求不严，但以疏松而富含腐殖质的壤土为宜。

观赏特征：形规整，茎干粗壮，叶片坚挺翠绿，极富阳刚、正直之气质。

园林应用：盆栽装饰室内的极好材料，也可庭院栽植，或配置于石旁点缀园景。

266 凤尾丝兰 Yucca gloriosa L. 龙舌兰科

形态特征：常绿多年生木本。茎短，叶剑形、坚硬，密生成莲座状，长 40cm～60cm，中部宽约 4cm～6cm，有稀疏的丝状纤维，微灰绿色，顶端为坚硬的刺，呈暗红色。花亭高 1m～2m，大型圆锥花序，有花多朵；花白色至乳黄色，顶端常带紫红色，下垂，钟形。

习　　性：喜温暖湿润和阳光充足环境，耐寒，耐荫，耐旱也较耐湿，对土壤要求不严。

观赏特征：常年浓绿，数株成丛，高低不一，开花时花茎高耸挺立，繁多的白花下垂，姿态优美。

园林应用：可布置在花坛中心、池畔、台坡和建筑物附近。

267 假槟榔（亚历山大椰子） *Archontophoenix alexandrae* (F. Muell.) H. Wendl. et Drude 棕榈科

形态特征：常绿乔木，高达 20m；干有梯形环纹，基部略膨大。羽状复叶簇生干端，小叶 2 列，条状披针形，背面有灰白色鳞秕状覆被物，侧脉及中脉明显；叶鞘绿色，光滑。花单性同株，花序生于叶丛之下。果卵球形，红色。

习　　性：喜高温，耐寒力稍强，喜光，不耐荫蔽，幼龄期宜在半荫地生长。对土壤的适应性颇强，肥力中等以上的各类土壤均能生良好。耐水湿，亦较耐干旱。

观赏特征：植株高大，树干通直，叶片披垂碧绿，随风招展，是著名的热带风光树。

园林应用：风景树、行道树。

268 三药槟榔　*Areca triandra* Roxb. ex Buch.-Ham.　棕榈科

形态特征：丛生型常绿小乔木，株高 4～7m，径粗 5～15cm，光滑似竹，绿色，间以灰白色环纹，顶上有一短鞘形成的茎冠。羽状复叶，长可达 2m，侧生羽叶有时和顶生叶合生。肉穗花序长 30～40cm，多分枝，顶端为雄花，有香气，基部为雌花。果实橄榄形，熟时橙色或赭红色。

习　　性：喜高温、湿润的环境，耐荫性很强，不论是幼苗或成龄树都应在林荫下培植。抗寒力虽然比较弱，但随苗木的成长，能不断提高抗寒能力，要求肥沃、疏松而排水良好的土壤。

观赏特征：茎干形似翠竹，色彩青绿，姿态优雅。

园林应用：适作室内观赏植物或在庭园半荫处作园景树。

269 散尾棕（山棕） *Arenga engleri* Becc. 棕榈科

形态特征：丛生灌木。叶全部基生，羽状全缘，长2～3m，裂片约40对，互生，顶端长而渐尖，中部以上边缘具不规则的啮蚀状齿，基部收狭，仅一侧有1耳垂，表面深绿色，背面银灰色，叶轴近圆形，被银灰色或棕褐色鳞秕，叶鞘纤维质，黑褐色，包围茎干。肉穗花序腋生，多分枝，通常直立。果球形或倒卵球形。

习　　性：较耐荫，喜温暖湿润气候。要求肥沃疏松的土壤。

观赏特征：植株茂盛，叶色深绿，花开季节芳香四溢。

园林应用：宜布置庭院或作盆栽，或丛植点缀于草地上。

270 霸王棕 *Bismarckia nobilis* Hildebr. et H. Wendl. 棕榈科

形态特征：植物高大，可达30m或更高，茎干光滑，结实，灰绿色。叶片巨大，长有3m左右，扇形，多裂，蓝灰色。雌雄异株，穗状花序；雌花序较短粗；雄花序较长，上有分枝。果实较大，近球形，黑褐色。

习　　性：喜阳光充足、温暖气候与排水良好的生长环境。耐旱、耐寒。

观赏特征：树形挺拔，叶片巨大，形成广阔的树冠，为珍贵而著名的观赏类棕榈。

园林应用：适作庭园树、风景树。

271 短穗鱼尾葵（丛生鱼尾葵）　　Caryota mitis Lour.　　棕榈科

形态特征：丛生小乔木，高6m左右。有匍匐根茎，干竹节状，在环状叶痕上常有休眠芽，近地面有棕褐色肉质气根。叶长1～3m，2回羽状全裂，大小形状如鱼尾葵，叶鞘较短，长50～70cm，下部厚被棉毛状鳞秕。肉穗花序有分枝，长约60cm，总梗弯曲下垂，小穗长仅30～40cm，佛焰苞可达11枚。浆果球形，熟时蓝黑色。

习　　性：喜阳，较耐荫。在温暖、湿润的气候环境及肥沃、湿润的酸性土生长良好。

观赏特征：树形丰满且富层次感，叶形奇特，叶色浓绿。

园林应用：庭园优美观赏树种，丛植、行植或墙边种植均可表现丰姿。

272 散尾葵　　Chrysalidocarpus lutescens H. Wendl.　　棕榈科

形态特征：常绿灌木或小乔木，株高3～8m，丛生，基部分蘖较多。茎干光滑，黄绿色，叶痕明显，似竹节。羽状复叶，平滑细长，叶柄尾部稍弯曲，亮绿色，小叶线形或披针形。肉穗花序圆锥状，生于叶鞘下。果实紫黑色。

习　　性：喜温暖多湿和半荫环境。怕寒冷，怕强光曝晒，对土壤要求不严格，但以疏松并含腐殖质丰富的土壤为宜。

观赏特征：枝叶茂密，四季常青，株形优美，适合在庭园中丛植，或盆栽作为室内摆设。

园林应用：多作观赏树栽种于草地、树荫、宅旁，也用于盆栽。

273 椰子　　Cocos nucifera L.　　棕榈科

形态特征：常绿乔木。树干常倾斜或弯曲，有环状叶痕。裂片线状披针形，基部明显地外向折叠。佛焰花序腋生，长1.5~2m，多分枝，雄花聚生于分枝上部，雌花散生于下部。坚果倒卵形或近球形，顶端微具三棱。

习　　性：热带喜光树种，喜生于高温湿润、阳光充足和海风吹拂处，要求年均温度24℃，最低气温不低于10℃。土壤以排水良好的海滨和河岸冲积土为佳。根系发达，抗风力强。

观赏特征：树姿雄伟，冠大叶多，苍翠挺拔，极富热带地区，特别是热带海滨景色的特征。

园林应用：可作庭园树和行道树，丛植、片植、行植均可。

274 油棕（油椰子）　　Elaeis guineensis Jacq.　　棕榈科

形态特征：常绿乔木。叶大，顶生，羽状全裂，裂片多，线状披针形，叶柄有刺。复合佛焰花序生于叶腋，雌雄同序，但其中之一常退化，出现雌雄同株异序和混合花序。聚合果卵形或倒卵形，橙色、紫红或褐紫色，有光泽。

习　　性：喜光，要求气温高、雨量充沛和光照充足的环境，不耐寒，不耐旱。喜土层深厚疏松排水良好的沙壤土。

观赏特征：高大雄壮，叶片整齐碧绿。

园林应用：在园林中可成片栽植或列植，做行道树或园景树。果实富含油脂，为重要的油料植物。

275 酒瓶椰子　　*Hyophorbe lagenicaulis* (L. H. Bailey) H. E. Moore　　棕榈科

形态特征：常绿乔木，高 2～4m。茎干圆柱形，光滑，具环纹，酒瓶状，中部以下膨大，近茎冠处又收缩如瓶颈。叶簇生于茎顶，裂片 30～50 对，线形浅绿色，整齐排列于粗大叶轴两侧。肉穗花序长达 60cm，多分枝，绿色。果实椭圆形。

习　　性：喜高温，多湿的热带气候，要求湿润、肥沃、排水良好的土壤，怕霜冻，要求气温在 10℃以上。

观赏特征：株形奇特，树干形似酒瓶，是珍贵的园景树。

园林应用：宜作庭园栽培观赏。

276 蒲葵　　*Livistona chinensis* (Jacq.) R. Br.　　棕榈科

形态特征：单干型常绿乔木，高达 20m。树冠紧实，近圆球形，冠幅可达 8m。叶扇形，宽 15～1.8m，长 1.2～1.5m，掌状浅裂至全叶的 1/4～2/3，着生茎顶，下垂。裂片条状披针形，顶端长渐尖，再二深裂，叶柄两侧具骨质沟刺，叶鞘褐色，纤维甚多。肉穗花序腋生，长 1m 有余，分枝多而疏散，花小，两性。核果椭圆形，熟时亮紫黑色，外略被白粉。

习　　性：性喜高温、高湿的热带气候，喜光略耐荫。对氯气、二氧化硫抗性强。喜湿润、肥沃、富含有机质的粘壤土。能耐一定的水湿和碱潮。

观赏特征：四季常青，树冠伞形，叶片扇形，树形婆娑，为热带地区绿化重要树种。

园林应用：可列植作行道树或丛植作园景树。

277 三角椰子　　Neodypsis decaryi Jum.　　棕榈科

形态特征：乔木。茎单生，高 8～10m。叶长 3～5m，上举，上端稍下弯，灰绿色，羽状全裂，羽片 60～80 对，坚韧，在叶中轴上规整斜展，下部羽片下垂；叶柄基部稍扩展，叶鞘在茎上端呈 3 列重叠排列，近呈三棱柱状，基部有褐色软毛。肉穗花序。果熟时黄绿色。

习　　性：喜湿润、耐干旱、稍耐寒。

观赏特征：茎上端由叶鞘组成近三棱柱状，形态奇特。

园林应用：适于庭园栽培，或独植于草坪供观赏。

278 加拿利海枣　　Phoenix canariensis Chaubaud　　棕榈科

形态特征：乔木。单干，老叶柄基部包被树干。羽状复叶密生，长 5～6m，羽片多，叶色亮绿。穗状花序生于叶腋，花单性，雌雄异株；花小，黄褐色。果实长椭圆形，熟时黄色至淡红色。

习　　性：喜光，耐高温、耐水淹、耐干旱、耐盐碱、耐霜冻。栽培土壤要求不严，但以土质肥沃、排水良好的有机壤土最佳。

观赏特征：树干粗壮，高大雄伟，羽片密而伸展，为优美的热带风光树。

园林应用：非常适宜作行道树，特别在海滨大道栽植，景观尤显壮丽，也可群植于绿地。

279 美丽针葵（软叶刺葵）　　Phoenix roebelenii O'Brien　　棕榈科

形态特征：常绿灌木。茎短粗，通常单生。叶羽片状，初生时直立，稍长后稍弯曲下垂，叶柄基部两侧有长刺，且有三角形突起；小叶披针形，长约 20～30cm，宽约 1cm，较软柔，并垂成弧形。肉穗花序腋生，雌雄异株。果成熟时枣红色。

习　　性：喜光，喜高温高湿的热带气候，稍耐荫，耐旱、耐瘠、耐寒。喜排水性良好、肥沃的砂质壤土。

观赏特征：姿态纤细优雅，叶甚柔软。

园林应用：适宜庭院及道路绿化，花坛、花带丛植、列植或与景石配植，可盆栽摆设。

280 银海枣（野海枣） *Phoenix sylvestris* (L.) Roxb. 棕榈科

形态特征：乔木，株高 10～16m，茎具宿存的叶柄基部。叶长 3～5m，羽状全裂，灰绿色。无毛，叶片剑形，下部叶片针刺状，叶柄较短，叶鞘具纤维。肉穗花序生于叶丛中。

习　　性：性喜高温湿润环境，喜光照，有较强抗旱力。生长适温为 20～28℃，冬季低于 0℃易受害。

观赏特征：株形优美、树冠半圆丛出，叶色银灰。

园林应用：适作园景树、风景树。

281 国王椰子（密节竹） *Ravenea rivularis* Jum. et H. Perrier 棕榈科

形态特征：常绿乔木。单干，树干基部有时膨大。羽状裂片密生，裂片多，条形。雌雄异株，穗状花序生于叶间。果球形，熟时红色。

习　　性：喜光照、水分充足的环境；喜温，耐半荫，较耐寒，抗风能力强。

观赏特征：树形优美，干径通直光洁。

园林应用：为优良的庭院树种和行道树。

282 棕竹（观音竹） *Rhapis excelsa* (Thunb.) Henry ex Rehd. 棕榈科

形态特征：丛生灌木，茎纤细如手指，不分枝，有叶节，包以有褐色网状纤维的叶鞘。叶集生茎顶，掌状，深裂几达基部，有裂片 3～12 枚，叶柄细长。肉穗花序腋生，花小，淡黄色，极多，单性，雌雄异株。浆果球形。

习　　性：喜温暖湿润、通风良好的半荫环境。在富含腐殖质、排水良好的微酸性沙砾土中生长良好。

观赏特征：株形紧密秀丽、株丛挺拔、叶形清秀、叶色浓绿而有光泽，既有热带风韵，又有竹的潇洒，为重要的观叶植物。

园林应用：适宜在中庭、花坛、窗外角落、乔木脚边配植，也可配置于水边、岩石边。

283 矮棕竹   *Rhapis humilis* (Thunb.)Bl.   棕榈科

形态特征：棕竹的观赏品种，高1.5m。叶集生茎顶，叶掌状深裂，裂片比棕竹更细，叶柄细长。肉穗花序腋生，花小，淡黄色，极多，单性，雌雄异株。浆果球形，种子球形。

习　　性：喜温暖湿润、通风良好的半荫环境。在富含腐殖质、排水良好的微酸性沙砾土中生长良好。

观赏特征：株丛紧凑，秀丽青翠，四季常青，叶形优美。

园林应用：适宜在中庭、花坛、窗外角落、乔木脚边栽植；或配置于水边或岩石边。

284 菜王椰子   *Roystonea oleracea* (Jacq.) O. F. Cook   棕榈科

形态特征：高大乔木。茎灰色具较密的环纹，基部与中部膨大。叶鞘绿色光滑，叶羽状裂，羽片极多数，长线状披针形。肉穗花序生于叶鞘下。果球形，熟时红色。

习　　性：喜温暖、潮湿、光照充足的环境，土壤要求排水良好、土质肥沃、土层深厚。最适温度为28～32℃，安全越冬温度10～12℃，较抗旱。

观赏特征：树形优美，为优美的热带风光树。

园林应用：适作行道树或群植作绿地风景树。

285 大王椰子　　*Roystonea regia* (Kunth) O. F. Cook　　棕榈科

形态特征：乔木，高达 10～20m。茎具整齐的环状叶鞘痕，幼时基部明显膨大，老时中部膨大。叶聚生于茎顶，羽状全裂，裂片条状披针形，端渐尖或 2 裂，排列不在一个平面上，叶鞘光滑。肉穗花序三回分枝，排成圆锥花序式。佛焰苞 2 枚。果球形，成熟后红褐色至紫黑色。花期 4～6 月；果期 7～8 月。

习　　性：喜高温多湿的热带气候，耐短暂低温，喜充足的阳光和疏松肥沃的土壤。

观赏特征：树姿高大雄伟，树干通直，为世界著名的热带风光树种。

园林用途：作行道树或群植作绿地风景树。

286 金山葵（皇后葵）　　*Syagrus romanzoffiana* (Cham.) Glassm.　　棕榈科

形态特征：常绿乔木。干直立，中上部稍膨大，光滑有条纹。叶长 2～5m，羽状全裂，裂片多数，常 1 或 3～5 枚聚生于叶轴两侧。雌雄同株，肉穗花序长，雌花着生于基部。果实卵球形，黄色。

习　　性：喜温暖、湿润、向阳、通风的环境，能耐一定的低温。抗风力强，耐碱，不耐干旱。

观赏特征：树干挺拔，叶裂片如松散的羽毛，簇生于干顶。

园林用途：可作庭园观赏或行道树，也可作海岸绿化树。

287 棕榈　　*Trachycarpus fortunei* (Hook.) H. Wendl.　　棕榈科

形态特征：乔木，高达 25m，树干常残存老叶柄及被密集的网状纤维叶鞘。叶圆扇形，径达 70cm，裂片条形，多数，硬挺不下垂。小花序生于叶丛中，佛焰苞多数。球形，熟时黑褐色，略被白粉。花期 4 月；果期 12 月。

习　　性：喜温暖湿润气候及肥沃、排水良好的石灰土、中性或微酸性土壤，浅根系，不抗风、生长慢。

观赏特征：树姿优美，展现张力。

园林用途：常作园林观赏树种，可丛植。

288 华盛顿葵（丝葵、老人葵）　　*Washingtonia filifera* (Lind. ex Andre) H. Wendl.　　棕榈科

形态特征：乔木，高 4～8 m，干常被下垂的枯叶。叶圆扇形，掌状分裂至中部；具多数掌状脉；裂片披针形，边缘及裂口处有多数卷曲、白色的丝状纤维，先端渐尖，浅 2 裂；叶柄腹面凹下，背面拱凸，边缘棕色并具多数棕色、短而扁平、分叉的利刺。肉穗花序。果椭圆形或卵形，熟时黑色。

习　　性：喜高温多湿，较耐寒，耐干旱和瘠薄，生长适温 20～28℃。

观赏特征：干枯的叶子下垂覆盖于茎干似裙子，有人称之为"穿裙子树"，奇特有趣；叶裂片间具有白色纤维丝，似老翁的白发，故又名"老人葵"。

园林用途：宜栽植于庭园观赏，也可作行道树。

289 狐尾棕　　　Wodyetia bifurcata A. K. Irvine　　　棕榈科

形态特征：植株高大通直，茎干单生，茎部光滑，有叶痕，略似酒瓶状，高可达 12～15 m。叶色亮绿，簇生茎顶，羽状全裂，长 2～3m，小叶线状披针形，轮生于叶轴上，形似狐尾而得名。肉穗花序生于叶鞘下。

习　　性：喜温暖湿润，光照充足的生长环境，耐寒，耐旱，抗风。生长适温为 20～28℃，冬季不低于 -5℃均可安全过冬。

观赏特征：植株高大挺拔，形态优美，树冠如伞，浓荫遍地，观赏价值高。

园林用途：适列植于池旁、路边、楼前（后），也可数株群植于庭园之中或草坪一隅，观赏效果极佳。

290 红刺露兜树　　　Pandanus utilis Bory　　　露兜树科

形态特征：小乔木。根的上部裸露，支柱根放射状自茎基斜插于土中。叶带形，革质，紧密螺旋状着生，叶缘及主脉下面有红色的锐刺。花单性异株，雄花排成穗状花序，无花被，雌花排成紧密的椭圆状的穗状花序。聚花果椭圆形，由若干个小核果组成。

习　　性：喜光，喜高温多湿气候，不耐寒，稍耐荫，不耐干旱，喜肥沃湿润的土壤。

观赏特征：叶多而密，螺旋状排列，图案式的层叠有序，植株酷似一座螺旋式的阶梯。

园林用途：适作庭园树，点缀园林绿地。

291 墨兰（报岁兰）　　Cymbidium sinense (Jackson ex Andr.) Willd.　　兰科

形态特征：地生草本；假鳞茎卵球形。叶3～5片，带状，薄革质，暗绿色，顶端渐尖，前部边缘有不明显的细齿。花茎直立，长50～90 cm，常稍长于叶；总状花序具花10～20朵或更多；花色变化大，具幽香；花粉团4个，成2对。蒴果狭椭圆形。花期10月至翌年3月。

习　　性：喜温暖湿润气候，喜阴凉通风环境。要求透气和排水良好、富含有机质的土壤。

观赏特征：观叶观花，花色多种，花具幽香，给人高雅的感觉。

园林用途：多用于室内摆放观赏。

292 大花蕙兰（虎头兰）　　Cymbidium hybrid　　兰科

形态特征：附生草本；假鳞茎狭卵形，常包藏于叶基部的鞘内。叶片带状，4～7片，顶端急尖，基部扩大，套叠。花茎发自假鳞茎基部，近直立或外弯；总状花序具花6～14朵；花大，有香味；花色有白、黄、绿、紫红或带有紫褐色斑纹；花瓣狭长圆状披针形，唇瓣近椭圆形，3裂；侧裂片具小乳突或短毛，边缘具缘毛；中裂片外弯，具小乳突；蕊柱长3～4 cm，向前弯曲。花期1～4月。

习　　性：喜温暖、湿润和半荫的环境。要求透气和排水良好、富含有机质的土壤。

观赏特征：株形丰满，叶色翠绿，花形优美。

园林用途：多用于室内外摆设、装饰，是高档的冬春季节日用花。

293 蝴蝶兰　　*Phalaenopsis amabilis* Bl.　　兰科

形态特征：附生草本。茎短，具许多长而扁的肉质根，叶3～4片，长椭圆形，常较宽，基部收狭成抱茎的鞘，具关节。花序侧生茎的基部；总花梗被3～5枚鳞片状鞘；花序轴长，疏生8～10朵花；花瓣顶端钝，基部收狭成柄。

习　　性：喜高温、高湿、半荫环境，生长适温为15～20℃。

观赏特征：花大而优美，花色鲜艳夺目，全部盛开时，仿佛一群列队而出的蝴蝶正在轻轻飞翔，观赏价值极高。

园林用途：多用于室内外的盆栽摆设装饰，冬春季节日用花。

294 风车草　　*Cyperus alternifolius* L. var. *flabelliformis* (Rottb.) Kukenthal　　莎草科

形态特征：多年生草本。根状茎粗短，近木质；茎粗壮，丛生，近圆柱状或扁三棱形，高45～150 cm，具棱和纵条纹，平滑或上部稍粗糙。叶退化，仅于茎基部具数个无叶片的叶鞘；总苞片叶状，10～24片，螺旋状排列，近等长，顶端急尖，向四面开展如伞状；聚伞花序，花小，淡紫色。小坚果椭圆形、扁三棱形。

习　　性：喜高温多湿，喜肥沃壤土，耐荫，耐水湿，生长适温22～28℃。

观赏特征：茎叶优雅，总苞片呈伞状，摇曳多姿。

园林用途：可盆栽或用于庭园潮湿地、水池美化。

295 大叶油草（地毯草） *Axonopus compressus* (Sw.) Beauv. 禾本科

形态特征：多年生草本植物，具匍匐茎。茎秆扁平，节上密生灰白色柔毛，高 8～30cm；叶片柔软，翠绿色，短而钝，长 4～6cm，宽 8 mm 左右；穗状花序，长 4～6cm，较纤细，2～3 枚近指状排列于秆顶端。小穗长 2～2.5mm，排列三角形穗轴的一侧。

习　　性：喜光，也较耐荫，再生力强，亦耐践踏。对土壤要求不严，在贫瘠沙质酸性土壤上也能生长，但不耐旱。

观赏特征：匍匐茎蔓延迅速，每节均能产生不定根和分蘖新枝。

园林用途：常用作庭院草坪、水保草坪，铺设草坪和与其他草种混合铺运动场，或作公共绿地草坪。

296 大琴丝竹（花慈竹） *Bambusa emeiensis* L. C. Chia et H. L. Fung 'Flavidorivens' 禾本科

形态特征：丛生竹，秆高 5～15 m，梢端细长作弧形向外弯曲或幼时下垂如钓丝状；秆节间淡黄色间深绿色纵条纹，并自秆环起向上发生数条深绿色纵条纹，并贯穿整个节间。

习　　性：喜温暖湿润气候，性好深厚肥沃的土壤，生长适温为 18～28℃。

观赏特征：秆节间深绿色纵条纹异常醒目。

园林用途：可用作庭园绿化、行道树等。

297 观音竹

Bambusa multiplex Raeuschel ex J. A. et J. H. Schult. var. *riviereorum* R. Maire　　禾本科

形态特征：丛生型小竹，秆实心，高1～5m，径约1～3cm，小枝具13～23叶，常下弯呈弓状，枝秆稠密，纤细而下弯。叶1簇5～20枚，细小，常20片排生于枝的两侧，似羽状。
习　　性：喜温暖、阴湿和通风良好的环境，耐寒性稍差，不耐强光曝晒，怕渍水，宜肥沃、疏松和排水良好的壤土。
观赏特征：株丛密集挺拔，枝叶秀丽，美观清雅。
园林用途：常用于盆栽观赏，点缀小庭院和居室，也常用于制作盆景或作为低矮绿篱材料。

298 小琴丝竹（花孝顺竹）

Bambusa multiplex (Lour.) Raeuschel ex J. A. et J. H. Schult. 'Stripestem Fernleaf'　　禾本科

形态特征：丛生竹。秆高2～8m，径1～4cm。秆和分枝的节间黄色，具不同宽度的绿色纵条纹，新秆浅红色，老秆金黄色，并不规则间有绿色纵条纹。秆箨新鲜时绿色，具黄白色纵条纹。
习　　性：喜温暖湿润并且通风、排水良好的环境，不耐寒。生长适温20～28℃。
观赏特征：秆丛姿态优美且秆色秀丽。
园林用途：为庭园美化的优良观赏品种，也是盆栽的上佳材料。

299 小佛肚竹　　Bambusa ventricosa McClure　　禾本科

形态特征：秆二型；正常秆高 8~10m，尾梢略下弯；节间圆柱形，长 30~35cm，幼时无白蜡粉，光滑无毛，下部略微肿胀，秆下部各节于箨环之上下方环生一圈灰白色绢毛；畸形秆通常高 25~50cm，节间短缩而其基部肿胀，呈瓶状，长 2~3cm，秆下部各节于箨环之上下方各环生一圈灰白色绢毛带；节间稍短缩而明显肿胀。箨鞘早落，背面完全无毛。分枝较低，多数簇生，下部枝上的小枝有时短缩为软刺。叶片线状披针形至披针形，下表面密生短柔毛。

习　　性：喜温暖湿润，喜阳光，不耐旱，也不耐寒，宜在肥沃疏松的砂壤中生长。

观赏特征：节间短缩膨大，状如佛肚，姿态秀丽，四季翠绿。

园林用途：作庭园美化观赏品种，也可作盆栽观赏。

300 黄金间碧玉竹　　Bambusa vulgaris Schrazhgber ex Wendle 'Vittata'　　禾本科

形态特征：秆高 5~15m，径 4~10cm，秆和枝条金黄色，具宽窄不等的绿色纵条纹，叶1簇5~10枚；箨鞘在新鲜时为绿色而具宽窄不等的黄色纵条纹，早落，革质，长约节间之半；箨鞘短宽，背面密被黑色向上刺毛；箨舌短，先端齿尖；箨叶直立，三角形。分枝低而开展，主枝明显。叶片披针形，叶色浓绿。

习　　性：喜高温多湿气候，生长适温约 18~30℃。宜在肥沃疏松的砂壤中生长。

观赏特征：竹秆色彩美丽，金碧生辉，具有很好的观赏性。

园林用途：宜作园景树。也可建造金色竹门、竹走廊或竹屋等。

301 大佛肚竹　　*Bambusa vulgaris* Schrader ex Wendle 'Wamin'　　禾本科

形态特征：秆高 2～5m，秆和枝条绿色，节间极为短缩，膨大呈佛肚状。秆箨无毛，箨鞘先端较宽，鞘口䍁毛多条，呈放射状排列，箨耳发达，圆至镰刀形，箨舌高仅 0.3～0.5mm，边缘具齿牙，箨片披针形，直立或上部箨片略向外反转，脱落性。
习　　性：喜温暖、湿润气候，不耐寒。宜在肥沃、疏松、湿润、排水良好的砂质壤土中生长。
观赏特征：节间短缩膨大，呈佛肚状，秆形奇特，姿态优美。
园林用途：庭园景观美化高级品种，可栽植于公园、庭院、房前屋后，或点缀于丛林水石之间。

302 台湾草（细叶结缕草）　　*Zoysia tenuifolia* Willd. ex Trin.　　禾本科

形态特征：多年生草本植物，具根状茎和匍匐茎，须根多，分布较浅。秆直立，纤细，株高 10～15cm。叶片丝状内卷，嫩绿色，长 2～6cm，宽 0.5mm；叶舌膜质。总状花序。
习　　性：喜温暖气候，喜光，耐旱，耐热，耐践踏。喜疏松的沙质壤土。
观赏特征：色泽嫩绿，生长密集，弹性好，低矮平整，外观如天鹅绒般美丽。
园林用途：为优良的草坪草。

303 苏铁　　Cycas revoluta Thunb.　　苏铁科

形态特征：树干棕榈状，高 2～3m。叶羽状分裂，基部两侧有刺，羽片条形，厚革质而坚硬，长 9～18cm，先端具刺状尖头，上面中在有凹槽。雄球花长圆柱形，小孢子叶密黄褐色长绒毛，背面着生多数药囊；大孢子叶宽卵形，先端羽状分裂，密生黄褐色绒毛；种子红褐色或桔红色。花 5～7 月，种子 10 月成熟。

习　　性：喜光树种，喜暖热湿润气候，不耐寒，温度低于 0℃时易受害。对土壤要求不严。

观赏特征：树形优美，四季常青，具热带风光的观赏效果。

园林用途：孤植、对植、丛植、混植均可，常种植于草坪、花坛的中心或盆栽布置于大型会场，茎干奇形者可作盆景。

304 南洋杉　　Araucaria heterophylla (Salisb.) Franco　　南洋杉科

形态特征：高大乔木，树皮粗糙，横裂，树冠塔形。叶 2 型，幼树及侧生小枝的叶排列疏松，钻形，两侧略扁；大树及花果枝上的叶排列紧密，宽卵形或三角状卵形。雄球花单生枝顶，圆柱状。球果近球形，苞鳞先端向上弯曲。种子椭圆形，两侧具结合生长的宽翅。

习　　性：喜温暖湿润气候，不耐寒，不抗风，不耐干旱和瘠薄，喜生于肥沃、通风、排水良好的土壤。

观赏特征：树形高大，姿态苍劲挺拔，树冠塔形，整齐而优美。

园林用途：适作庭园风景树和行道树。

305 肯氏南洋杉（猴子杉）　　*Araucaria cunninghamii* Sweet　　南洋杉科

形态特征：乔木，树干通直，树皮薄片状脱落；树冠塔形，大枝平伸，小枝平展或下垂，侧枝常成羽状排列，下垂。叶2型，幼树及侧生小枝上的叶排列疏松，钻形，具多数气孔线，有白粉；大树及花果枝上的叶排列紧密，宽卵形或三角状卵形。雄球花单生于枝顶，圆柱形。球果近球形或椭圆形。种子椭球形，稍扁，两侧具宽翅。
习　　性：喜温暖湿润气候，宜肥沃、疏松、排水良好的土壤。
观赏特征：树姿雄伟挺拔，树冠塔形，枝叶苍翠。
园林用途：适作庭园风景树和行道树。

306 马尾松　　*Pinus massoniana* Lamb.　　松科

形态特征：高大乔木，树皮裂成不规则鳞状。树冠广伞形。针叶2针一束，长10～20cm，细柔，叶缘有细锯齿。球果卵圆形或圆锥状卵形，成熟时栗褐色，脱落而不宿存。
习　　性：喜强光，喜温暖湿润气候，耐干旱瘠薄，不耐水涝及盐碱地，能耐短时低温。适于酸性粘质壤土。
观赏特征：树姿挺拔，树形苍劲雄伟。
园林用途：适作风景树或庭园树。

307 湿地松　　Pinus elliottii Engelm.　　松科

形态特征：乔木，树皮纵裂，鳞片剥落。针叶2针，或2针、3针一束共存，针叶粗硬，背腹两面都有气孔线，叶缘具细锯齿。球果圆锥状卵形，鳞盾近斜方形，肥厚，有锐横脊，鳞脐疣状，有短尖刺。种子卵圆形，种翅易脱落。花期2～3月，球果翌年9月成熟。

习　　性：喜温暖湿润多雨气候，耐水湿，也耐干瘠，对气温的适应性强。适生酸性红壤。

观赏特征：树姿雄浑壮丽，巍然可观。

园林用途：适于在面积较大的风景地区大宗造林，作为背景树种栽植；水畔及海滨公园低温地带均可酌量配植。

308 落羽杉　　Taxodium distichum (L.) Rich.　　杉科

形态特征：乔木，高达50 m，干基部膨大，具屈膝状呼吸根。树皮长条状剥落。侧生小枝排成2列。叶条形，先端尖，排成羽状2列。上面中脉凹下，淡绿色，秋季凋落前变暗红色。球果熟时淡褐色，被白粉。

习　　性：喜暖热湿润气候，极耐水湿。

观赏特征：树形整齐美观，树姿优美，入秋叶变古铜色，是良好的秋叶树种。

园林用途：适合水旁配植作观赏树种。

栽培变种：池杉（池柏）var. *imbricatum* (Brongn.) Parl. 与原变种的区别在于叶钻形，长4～10mm，斜上伸展，不排成二列。习性和用途与落羽杉同。

落羽杉

池杉

309 侧柏　*Platycladus orientalis* (L.) Franco　柏科

形态特征：常绿乔木，树皮条片状纵裂，树冠广圆形。叶全为鳞叶，先端微钝，背面有腺点，两面绿色，无白粉。球果卵形，成熟时褐色。

习　　性：喜光，也有一定的耐荫力，适于温暖湿润气候，较耐寒，对土壤要求不严，但以钙质土最好。

观赏特征：枝干苍劲，气魄雄伟，肃静清幽。

园林用途：多栽植于寺院、陵墓地和庭园中，亦可作盆栽、绿篱。

310 圆柏（桧柏）　*Sabina chinensis* (L.) Ant.　柏科

形态特征：常绿乔木，树皮长条片。鳞叶小枝近圆形或四棱形，直立或斜生，或略下垂。叶具二型：鳞叶先端钝尖或微尖，背面近中部具微凹的腺体；刺叶3枚轮生，腹面微凹，有2条白粉带。球果球形，次年或第三年成熟，熟时暗褐色，被白粉。

习　　性：喜光，有一定耐荫能力，喜温凉气候，对土壤要求不严，但以在中性、深厚且排水良好处生长最佳。

观赏特征：树形优美，老树干枝扭曲，奇姿古态。

园林用途：多配植于庙宇陵墓作墓道树或柏林。耐荫性强且耐修剪，为优良的绿篱植物。

栽培变种：龙柏 'Kaizuca'，与原变种的区别：树形呈圆柱状。小枝密生，略扭曲上伸，全为鳞叶，密生，幼叶淡黄绿色，后呈翠绿色。球果蓝绿色，略有白粉。习性和用途与圆柏同。

龙柏　　　　圆柏

311 罗汉松　　*Podocarpus macrophyllus* (Thunb.) D. Don　　罗汉松科

形态特征：常绿乔木，树冠广卵形，树皮薄鳞片状脱落，枝开展或斜展，较密。叶条状披针形，两面中脉显著，无侧脉，螺旋状互生。雄球花3～5簇生叶腋，雌球花单生叶腋。种子未熟时绿色，熟时假种皮紫褐色，被白粉，着生于膨大的种托上种托肉质，红色或紫红色。花期4～5月，果期8～11月。

习　　性：较耐荫，喜排水良好且湿润的沙质土壤，不耐寒，能耐潮风。

观赏特征：树形优美，四季常青。绿色的种子与红色的种托似许多披着红色袈裟在打坐的罗汉。满树紫红点点，颇富奇趣。

园林用途：可孤植作庭荫树，或对植、散植于厅堂之前。

312 竹柏　　*Nageia nagi* (Thunb.) Kuntze　　罗汉松科

形态特征：常绿乔木，树冠圆锥形，树皮呈小块薄片状脱落。叶对生或近对生，长卵形、卵状披针形，革质，具多数平行细脉，无中脉。雄球花腋生，常呈分枝状。种子球形，熟时暗紫色，有白粉，苞片不发育成肉质种托，外种皮骨质。

习　　性：喜温热潮湿多雨气候，对土壤要求严格，适于在排水良好、肥厚湿润，呈酸性的沙壤或轻粘壤土生长。

观赏特征：叶形奇异，枝叶青翠有光泽，树冠浓郁，树形秀丽。

园林用途：南方良好的庭荫树和园林中的行道树，也是风景区和城乡四旁绿化的优秀树种。

313 长叶竹柏　　　*Nageia fleuryi* (Hickel) de Laubenf.　　罗汉松科

形态特征：乔木。叶交叉对生，宽披针形，质地厚，具多数平行细脉，无中脉。雄球花腋生，常3～6个簇生于总梗上；雌球花单生叶腋，有梗，梗上具数枚苞片，轴端的苞腋着生1～3枚胚珠，仅一枚发育成熟，上部苞片不发育成肉质种托。种子圆球形，熟时假种皮蓝紫色。

习　　性：喜温暖湿润气候，肥沃、疏松、深厚的沙质酸性土壤，要求排水良好。

观赏特征：枝叶翠绿，四季常青，树形美观。

园林用途：在庭园绿化时可做庭荫树或居住区行道树，在公园和风景名胜区可以成片栽植。

314 铁线蕨（铁丝草）　　　*Adiantum capillus-veneris* L.　　铁线蕨科

形态特征：植株高15～40cm。根状茎横走，密被棕色披针形鳞片。叶远生或近生；柄长5～20cm，纤细，亮栗黑色；叶片三角状卵形，中部以上为奇数一回羽状，向下多为二回羽状；羽片3～5对，互生，斜向上，有柄；顶生小羽片扇形，侧生小羽片2～4对，互生，斜向上；叶脉明显；叶薄革质，干后草绿色或褐绿色，无毛；叶轴、各回小羽轴均与叶柄同色。

习　　性：喜高温多湿，耐荫，常生于石灰岩地区的溪旁、岩洞和滴水的岩壁上。

观赏特征：小叶呈扇形，叶色翠绿，叶形轻柔，婀娜多姿。

园林用途：适合盆栽或假山池边点缀，室内盆栽也可。

315 肾蕨（圆羊齿）　　　*Nephrolepis auriculata* (L.) Trimen　　肾蕨科

形态特征：附生或土生。根状茎被蓬松的淡棕色、长钻形鳞片，匍匐茎棕褐色，不分枝，疏被鳞片，匍匐茎上的块茎近圆形，密被鳞片。叶簇生；叶柄暗褐色，密被棕色线形鳞片。叶片线状披针形或狭披针形，先端渐尖，一回羽状；羽片45～100对，互生，密集并呈覆瓦状排列，披针形，叶缘有疏锯齿；叶脉明显，侧脉纤细，在下部分叉；叶坚草质或草质，干后棕绿色或褐棕色，无毛。

习　　性：喜温暖至高温，耐荫，生长适温约18～28℃，喜疏松土壤。

观赏特征：叶姿细致柔美，叶色绿意盎然，颇富野趣。

园林用途：作室内盆栽，可点缀造园假山、岩壁等。

316 长叶肾蕨　　*Nephrolepis biserrata* (Sw.) Schott　　肾蕨科

形态特征：根状茎短而直立，伏生红棕色披针形鳞片；根状茎匍匐向四方横展，暗褐色，被疏松的棕色披针形鳞片。叶簇生；柄长 10～30cm，坚实，灰褐色或淡褐棕色，基部被鳞片；叶片狭椭圆形，一回羽状；羽片 35～50 对，互生，中部羽片披针形或线状披针形，先端急尖或短渐尖，基部圆形或楔形；主脉两面均明显，侧脉纤细；叶薄纸质或纸质，干后褐绿色。

习　　性：喜高温湿润气候，耐荫，喜疏松的土壤。

观赏特征：叶色青翠，姿态优雅。

园林用途：可附植于石壁、假山作点缀。

317 波士顿蕨　　*Nephrolepis exaltata* (L.) Schott 'Bostoniensis'　　骨碎补科

形态特征：波斯顿蕨是肾蕨属的突变种。一回羽状复叶，其羽片较原种宽阔、弯垂，羽片长 90～100cm，披针形，黄绿色。小叶平出，叶缘波状，叶尖扭曲。根茎直立，有匍匐茎。孢子囊群半圆形，生于叶背近叶缘处。

习　　性：喜温暖、湿润及半荫环境，又喜通风，忌酷热，对温度要求不严格，抗寒性较强，忌阳光直射。栽培土要求疏松、通气性良好。

观赏特征：叶色鲜绿，株形秀雅。

园林用途：盆栽作为室内摆设或作壁挂式、镶嵌式植物装饰材料别具特色。

318 半边旗　　*Pteris semipinnata* L.　　凤尾蕨科

形态特征：高可达 1m。根状茎长而横走。叶簇生，近一形；叶片椭圆状披针形，二回半边深羽裂；顶生羽片阔披针形至长三角形，先端尾状，篦齿状深羽裂几达叶轴，侧生羽片 4～7 对，开展，下部的有短柄，向上无柄，半三角形而略呈镰刀状；侧脉明显，斜上，小脉通常伸达锯齿的基部；叶草质，干后灰绿色，无毛。

习　　性：喜高温多湿气候，耐荫，喜林下荫处的酸性土环境。

观赏特征：叶片半边深裂，形貌奇特，株形轻柔。

园林用途：可作水池边、林下荫处栽植地被，庭园美化。

| 319 巢蕨（台湾山苏花） | *Neottopteris nidus* (L.) J. Sm. | 铁角蕨科 |

形态特征：植株高 1～1.2m。根状茎木质，先端及叶柄基部密被鳞片；鳞片蓬松，线形，先端纤维状并卷曲，边缘有几条卷曲的长纤毛，膜质，深棕色，有光泽。叶簇生；叶片阔披针形，全缘并有软骨质狭边，干后反卷；主脉下面几全部隆起为半圆形，小脉两面均隆起，斜展，分叉或单一；叶厚纸质或薄革质，干后灰绿色，无毛。

习　　性：喜温暖阴湿环境，不耐寒。生长适温为 20～22℃。

观赏特征：巢蕨叶片密集，碧绿光亮，为著名的附生性观叶植物，常用以制作吊盆（篮）。

园林用途：在热带园林中，常栽于附生林下或岩石上，以增野趣。

| 320 崖姜 | *Pseudodrynaria coronans* (Wall. ex Mett.) Ching | 水龙骨科 |

形态特征：高可达 10～150cm。根状茎弯曲盘结成垫状。叶异形，簇生，无柄，叶片椭圆倒披针形，下渐变狭，至下部约 1/4 处狭缩成宽 1～2cm 的翅，至基部又渐扩展成圆心形，具宽缺刻或浅裂的边缘，叶片中部以上深羽裂，有时近羽状，裂片披针形，全缘；叶脉明显，网状，网眼有单一或分叉的内藏小脉；叶硬革质，无毛，有光泽。

习　　性：喜高温多湿气候，耐荫，生长适温 18～28℃。

观赏特征：株形高大挺拔，为极具特色的附生观赏蕨类。

园林用途：庭园美化优良种，可植于假山、水池岩壁处点缀，亦可作吊盆。

中文名索引

A
阿江榄仁 39
矮牵牛 102
矮棕竹 142
澳洲鸭脚木 88

B
八宝树 24
巴西铁树 131
巴西野牡丹 38
芭蕉 117
霸王棕 136
霸王花 30
白斑宝巾 25
白蟾 98
白婵 98
白蝴蝶 127
白兰 7
白千层 35
白花油麻藤 67
白萼赪桐 111
白皮香椿 82
百香果 28
斑叶海桐 27
斑叶红雀珊瑚 53
斑叶鸭跖草 116
半年红 96
半边旗 158
蚌兰 116
笔管榕 78
扁桃 85
变叶木 49
波士顿蕨 158
菠萝蜜 73
碧冬茄 102
笔管树 78
宝巾 25
报岁兰 146
比利时杜鹃 88
爆竹花 103

C
彩霞变叶木 49
彩叶草 115
菜王椰子 142
侧柏 155
茶梅 31
菖蒲 124
长春花 95
长寿花 17
长叶肾蕨 158
长叶竹柏 157
长隔木 98
常春藤 87
嫦娥绫变叶木 49
巢蕨 159
赪桐 110
池杉 154
池柏 154
翅荚决明 61
串钱柳 32
垂柳 70
垂叶榕 74
垂枝暗罗 10
春花 55
春羽 126
刺桐 66
葱兰 128
葱莲 128
翠芦莉 108
臭草 113
臭芙蓉 101
赤铁果 90
重阳木 48

D
大佛肚竹 151
大花第伦桃 26
大花蕙兰 146
大花君子兰 128
大花紫薇 24
大丽花 100
大琴丝竹 148
大琴叶榕 76
大王椰子 143
大岩桐 104
大叶红草 19
大叶山棣 82
大叶相思 56
大叶油草 148
大叶石蒜 128
大理花 100
大罗伞 90
单色鱼木 15
地果 77
地毯草 148
地枇杷 77
地瓜藤 77
吊灯花 45
吊瓜树 106
吊灯树 106
吊兰 121
吊竹梅 116
冬红 114
短穗鱼尾葵 137
盾柱木 64

E
鹅掌藤 87
二乔玉兰 6
二色茉莉 102

F
番荔枝 9
番木瓜 29
番石榴 35
非洲凤仙花 22
非洲紫罗兰 104
菲岛福木 40
风车草 147
风雨花 129
枫香 69
蜂腰变叶木 49
凤凰木 63
凤尾鸡冠花 19
凤尾丝兰 134
凤仙花 21
芙蓉菊 101
福建茶 102
非洲榄仁 39
非洲茉莉 91
非洲紫苣苔 104
非洲桃花心木 83
发财树 42
富贵竹 132

G
高山榕 73
宫粉羊蹄甲 60
狗牙花 97
枸骨 79
观音竹 141、149
广东万年青 124
龟背竹 125
桂花 91
桂圆 83
国王椰子 141
拱手花篮 45
狗脚蹄 87
光叶子花 25
孤挺花 127
桧柏 155

H
海红豆 57
海芒果 95
海南红豆 67
海南蒲桃 36
海桐 27
海芋 125
含笑 8
禾雀花 67
荷花 12
荷花玉兰 6
荷木 31
荷树 31
荷兰铁 134
鹤望兰 118
红龙草 19
红萝木 82
红背桂 52
红刺露兜树 145
红萼龙吐珠 111
红果仔 34
红花檵木 69
红花羊蹄甲 59

红鸡蛋花 96	猴子杉 153	救必应 79	美人蕉 119
红木 27	黄金葛 126		美蕊花 58
红雀珊瑚 53	火把花 106	K	美人树 44
红桑 47	虎皮兰 133	壳菜果 70	美洲木棉 43、44
红萼珍珠宝莲 111	虎刺梅 51	肯氏南洋杉 153	茉莉 92
红花龙吐珠 111		孔雀木 88	墨兰 146
红乌桕 51	J		木荷 31
红铁 131	鸡蛋果 28	L	木芙蓉 44
红背卧花竹芋 120	鸡蛋花 96	腊肠树 62	木麻黄 71
狐尾棕 145	鸡冠刺桐 66	兰屿肉桂 11	木棉 43
红楼花 108	鸡冠花 19	兰花草 108	木犀 91
蝴蝶兰 147	鸡冠爵床 108	蓝花楹 105	密节竹 141
虎尾兰 133	吉祥草 123	蓝猪耳 104	面条树 94
虎头兰 146	檵木 69	乐昌含笑 8	麦冬 122
花叶垂榕 74	加拿利海枣 140	簕杜鹃 25	
花叶假连翘 112	夹竹桃 96	荔枝 84	N
花叶冷水花 78	假槟榔 135	量天尺 30	南美蟛蜞菊 101
花叶艳山姜 161	假连翘 112	龙柏 155	南天竹 13
花叶金露花 112	假苹婆 41	龙船花 99	南洋杉 152
花叶苎麻 78	尖叶杜英 41	龙舌兰 130	南洋楹 58
花叶良姜 119	尖叶木樨榄 92	龙吐珠 111	柠檬桉 33
花慈竹 148	金边虎尾兰 133	龙眼 83	鸟不宿 79
花孝顺竹 149	金边龙舌兰 130	窿缘桉 34	牛心荔 95
华盛顿葵 144	金刚纂 50	旅人蕉 118	
黄蝉 94	金边红桑 47	绿萝 126	P
黄葛树 78	金琥 29	罗汉松 156	炮仗竹 103
黄花风铃木 107	金凤花 60	落地生根 17	炮仗花 106
黄花夹竹桃 97	金黄百合竹 132	落羽杉 154	炮仗红 115
黄槐 63	金桔 81	落雪泥 104	苹婆 42
黄金串钱柳 32	金柑 81	亮丝草 124	菩提榕 77
黄金垂榕 74	金脉爵床 110	老人葵 144	菩提树 77
黄金间碧玉竹 150	金钱树 127	丽格秋海棠 28	蒲葵 139
黄槿 46	金山葵 143		蒲桃 36
黄兰 7	金叶假连翘 112	M	朴树 72
黄马缨丹 113	金银花 100	麻楝 82	蓬莱蕉 125
黄脉刺桐 66	金边桑 47	马拉巴栗 42	
黄钟木 107	金心百合竹 132	马尾松 153	Q
黄脉爵床 110	金苞虾衣花 109	马缨丹 113	千日红 20
黄金叶 112	锦绣杜鹃 89	马占相思 57	千头木麻黄 72
黄莺 93	锦叶扶桑 45	马蹄香 97	千里香 80
黄梁木 99	锦叶橡胶榕 75	蔓花生 65	琴叶珊瑚 53
黄枝子 98	锦紫苏 115	蔓马缨丹 113	秋枫 48
皇后葵 143	九里香 80	芒果 85	麒麟花 51
幌伞枫 86	韭兰 129	猫尾木 105	
灰莉 91	酒瓶兰 133	毛麻楝 82	R
火焰木 107	酒瓶椰子 139	玫瑰秋海棠 28	人面子 86
火殃勒 50	基及树 102	美丽针葵 140	人心果 90

人面树 86
人参果 90
榕树 76
软枝黄蝉 93
软叶刺葵 140
日日草 95
忍冬 100
如意草 113

S
撒金变叶木 49
塞楝 83
三角椰子 140
三色堇 17
三色小叶榄仁 39
三药槟榔 135
三裂叶蟛蜞菊 101
散尾葵 137
散尾棕 136
山指甲 93
山矾花 95
山石榴 89
山棕 136
山麦冬 121
珊瑚藤 18
肾蕨 157
湿地松 154
十大功劳 14
十八学士 129
石栗 47
石斑木 55
石青子 90
使君子 38
首冠藤 59
双荚决明 61
双翼豆 64
水石榕 40
水翁 33
水竹芋 119
水菖蒲 124
水鬼蕉 130
睡莲 12
四季米仔兰 81
四叶红花 98
松叶牡丹 18
苏铁 152
梭鱼草 123

伞树 88
扇仙 117
洒金榕 49
丝葵 144
松寿兰 123
手树 88
扇芭蕉 118

T
台湾草 151
台湾栾树 84
台湾相思 56
台湾山苏花 159
糖胶树 94
桃树 54
天门冬 120
天竺葵 20
天堂鸟 118
铁刀木 62
铁冬青 79
铁海棠 51
铁线蕨 157
铁丝草 157
土沉香 25
土麦冬 121
团花 99

W
万寿菊 101
万寿竹 132
王莲 13
文殊兰 129
五爪金龙 103
五色梅 113
乌墨 36
武竹 120

X
西瓜皮椒草 14
西洋杜鹃 88
希茉莉 98
细叶萼距花 23
虾衣花 109
仙戟变叶木 49
仙人掌 30
镶边旋叶铁苋 47
象脚丝兰 134

象腿树 16
小茶梅 31
小蚌兰 116
小驳骨 109
小佛肚竹 150
小琴丝竹 149
小叶榄仁 39
小叶榕 76
小黄蝉 93
小蜡树 93
小叶女贞 93
肖黄栌 51
肖蒲桃 31
新几内亚凤仙花 22
绣球花 54
悬铃花 46
香龙血树 131
雪铁芋 127
鲜艳杜鹃 89
夏堇 104
细叶结缕草 151
线叶南洋森 87

Y
崖姜 159
亚里垂榕 75
亚历山大椰子 135
沿阶草 122
羊蹄甲 59
阳桃 21
杨梅 71
洋金凤 60
洋蒲桃 37
洋紫荆 60
椰子 138
一串红 115
一品红 52
一叶兰 121
仪花 64
异叶爬山虎 80
阴香 10
银边龙舌兰 130
银海枣 141
银桦 26
银毛野牡丹 37
银纹沿阶草 122
银叶诃子 39

银白合果芋 127
印度橡胶榕 75
印度紫檀 68
鹰爪 9
映山红 89
油棕 138
油椰子 138
柚木 114
羽叶南洋森 87
羽衣甘蓝 16
鸳鸯茉莉 102
圆柏 155
圆羊齿 157
月季 55
玉芙蓉 101
野海枣 141

Z
樟树 11
栀子 98
蜘蛛抱蛋 121
蜘蛛兰 130
中国无忧树 65
朱顶红 127
朱蕉 131
朱槿 45
朱砂根 90
竹柏 156
竹节秋海棠 28
爪哇木棉 43
紫背竹芋 120
紫檀 68
紫藤 68
紫薇 23
紫鸭跖草 117
紫苞藤 18
紫锦木 51
紫竹梅 117
棕榈 144
棕竹 141
醉蝶花 15
状元红 110
丛生鱼尾葵 137
朱缨花 58
掌叶牵牛 103

拉丁名索引

A
Acacia auriculiformis 56
Acacia confusa 56
Acacia mangium 57
Acalypha wilkesiana 47
Acalypha wilkesiana 'Hoffmanii' 47
Acalypha wilkesiana 'Marginata' 47
Acmena acuminatissima 31
Acorus calamus 124
Adenanthera pavonina var. microsperma 57
Adiantum capillus-veneris 157
Agave americana 130
Agave americana 'Marginata' 130
Aglaia duperreana 81
Aglaonema modestum 124
Albizia falcataria 58
Aleurites moluccana 47
Allamanda cathartica 93
Allamanda schottii 94
Alocasia macrorhiza 125
Alpinia zerumbet 'Variegata' 119
Alstonia scholaris 94
Alternanthera dentata 'Ruliginosa' 19
Amygdalus persica 54
Annona squamosa 9
Antigonon leptopus 18
Aphanamixis grandifolia 82
Aquilaria sinensis 25
Arachis duranensis 65
Araucaria cunninghamii 153
Araucaria heterophylla 152
Archontophoenix alexandrae 135
Ardisia crenata 90
Areca triandra 135
Arenga engleri 136
Artabotrys hexapetalus 9
Artocarpus heterophyllus 73
Asparagus cochinchinensis 120
Aspidistra elatior 121
Averrhoa carambola 21
Axonopus compressus 148

B
Bambusa emeiensis 'Flavidorivens' 148
Bambusa multiplex 'Stripestem Fernleaf' 149
Bambusa multiplex var. riviereorum 149
Bambusa ventricosa 150
Bambusa vulgaris 'Vittata' 150
Bambusa vulgaris 'Wamin' 151
Bauhinia blakeana 59
Bauhinia corymbosa 59
Bauhinia purpurea 59
Bauhinia variegata 60
Begonia × elatior 28
Begonia maculata 28
Bischofia javanica 48
Bischofia polycarpa 48
Bismarckia nobilis 136
Bixa orellana 27
Bombax ceiba 43
Bougainvillea glabra 25
Brassica oleracea var. acephala f. 16
Brunfelsia acuminata 102
Bryophyllum pinnatum 17

C
Caesalpinia pulcherrima 60
Calliandra haematocephala 58
Callistemon viminalis 32
Callistemon × hybriduus 'Golden Ball' 32
Camellia sasanqua 31
Canna indica 119
Carica papaya 29
Carmona microphylla 102
Caryota mitis 137
Cassia alata 61
Cassia bicapsularis 61
Cassia fistula 62
Cassia siamea 62
Cassia surattensis 63
Casuarina equisetifolia 71
Casuarina nana 72
Catharanthus roseus 95
Ceiba pentandra 43
Celosia cristata 19
Celosia cristata 'Plumosa' 19
Celtis sinensis 72
Cerbera manghas 95
Chlorophytum comosum 121
Chorisia speciosa 44
Chrysalidocarpus lutescens 137
Chukrasia tabularis 82
Chukrasia tabularis var. velutina 82
Cinnamomum burmanii 10
Cinnamomum camphora 11
Cinnamomum kotoense 11
Cleistocalyx operculatus 33
Cleome spinosa 15
Clerodendrum japonicum 110
Clerodendrum × speciosum 111
Clerodendrum thomsonae 111
Clivia miniata 128
Cocos nucifera 138
Codiaeum variegatum 'Indian Blanket' 49
Codiaeum variegatum f. appendiculatum 49
Codiaeum variegatum 'Aucubaefolium' 49
Codiaeum variegatum 'Excellent' 49
Codiaeum variegatum 'Tortilis Major' 49
Codiaeum variegatum 49
Coleus hybridus 115
Cordyline fruticosa 131
Crateva unilocularis 15
Crinum asiaticum var. sinicum 129
Crossostephium chinense 101
Cuphea hyssopifolia 23
Cycas revoluta 152
Cymbidium hybrid 146
Cymbidium sinense 146
Cyperus alternifolius spp. flabelliformis 147

D
Dahlia pinnata 100
Delonix regia 63
Dillenia turbinata 26
Dimocarpus longan 83
Dizygotheca elegantissima 88
Dolichandrone cauda-felina 105
Dracaena fragrans 131
Dracaena reflexa Lam. 132
Dracontomelon duperreanum 86
Duabanga grandiflora 24
Duranta erecta 112
Duranta erecta 'Dwarf Yellow' 112
Duranta erecta 'Variegata' 112

E
Echinocactus grusonii 29
Elaeis guineensis 138
Elaeocarpus apiculatus 41
Elaeocarpus hainanensis 40
Epipremnum pinnatum 126
Erythrina crista-galli 66
Erythrina variegata var. picta 66

Erythrina variegata 66
Eucalyptus citriodora 33
Eucalyptus exerta 34
Eugenia uniflora 34
Euphorbia antiquorum 50
Euphorbia cotinifolia 51
Euphorbia milii 51
Euphorbia neriifolia 50
Euphorbia pulcherrima 52
Excoecaria cochinchinensis 52

F
Fagraea ceilanica 91
Ficus altissima 73
Ficus benjamina 74
Ficus benjamina 'Variegata' 74
Ficus benjamina 'Golden Leaves' 74
Ficus binnendijkii 'Alii' 75
Ficus elastica 75
Ficus elastica 'Doescheri' 75
Ficus lyrata 76
Ficus micorcarpa 76
Ficus religiosa 77
Ficus tikoua 77
Ficus virens var. sublanceolata 78
Fortunella margarita 81

G
Garcinia subelliptica 40
Gardenia jasminoides 98
Gardenia jasminoides var. fortuniana 98
Gendarussa vulgaris 109
Gomphrena globosa 20
Grevillea robusta 26

H
Hamelia patens 98
Hedera nepalensis var. sinensis 87
Heteropanax fragrans 86
Hibiscus mutabilis 44
Hibiscus rosa-sinensis 45
Hibiscus rosa-sinensis 'Cooper' 45
Hibiscus schizopetalus 45
Hibiscus tiliaceus 46
Hippeastrum vittatum 127
Holmskioldia sanguinea 114
Hydrangea macrophylla 54
Hylocereus undatus 30
Hymenocallis americana 130
Hyophorbe lagenicaulis 139

I
Ilex cornuta 79
Ilex rotunda 79
Impatiens balsamina 21
Impatiens hawkeri 22
Impatiens walleriana 22
Ipomoea cairica 103
Ixora chinensis 99

J
Jacaranda mimosifolia 105
Jasminum sambac 92
Jatropha pandurifolia 53

K
Kalanchoe blossfeldiana 17
Khaya senegalensis 83
Kigelia africana 106
Koelreuteria elegans subsp. 84

L
Lagerstroemia indica 23
Lagerstroemia speciosa 24

Lantana camara　113
Lantana camara 'Flava'　113
Lantana montevidensis　113
Ligustrum sinense　93
Liquidambar formosana　69
Liriope spicata　121
Litchi chinensis　84
Livistona chinensis　139
Lonicera japonica　100
Loropetalum chinense　69
Loropetalum chinense var. *rubrum*　69
Lysidice rhodostegia　64

M
Magnolia grandiflora　6
Magnolia soulangeana　6
Mahonia fortunei　14
Malvaviscus arboreus var. *penduliflorus*　46
Mangifera indica　85
Mangifera persiciformis　85
Manilkara zapota　90
Melaleuca quinquenervia　35
Michelia alba　7
Michelia champaca　7
Michelia chapensis　8
Michelia figo　8
Monstera deliciosa　125
Moringa drouhardii　16
Mucuna birdwoodiana　67
Murraya exotica　80
Musa basjoo　117
Myrica rubra　71
Mytilaria laosensis　70

N
Nageia fleury　157
Nageia nagi　156
Nandina domestica　13
Nelumbo nucifera　12
Neodypsis decaryi　140
Neolamarckia cadamba　99
Neottopteris nidus　159
Nephrolepis auriculata　157
Nephrolepis biserrata　158
Nephrolepis exaltata 'Bostoniensis'　158
Nerium oleander　96
Nolina recurvata　133
Nymphaea tetragona　12

O
Odontonema strictum　108
Olea ferruginea　92
Ophiopogon intermedius 'Argenteo-marginatus'　122
Ophiopogon japonicus　122
Opuntia strica Haw:var. *dillenii*　30
Ormosia pinnata　67
Osmanthus fragrans　91

P
Pachira macrocarpa　42
Pandanus utilis　145
Parthenocissus heterophylla　80
Passiflora edulis　28
Pedilanthus tithymaloides　53
Pedilanthus tithymaloides 'Variegatus'　53
Pelargonium hortorum　20
Peltophorum pterocarpum　64
Peperomia argyreia　14
Petunia hybrida　102
Phalaenopsis amabilis　147
Philodenron selloum　126
Phoenix canariensis　140
Phoenix roebelenii　140
Phoenix sylvestris　141
Pilea cadierei　78
Pinus elliottii　154
Pinus massoniana　153
Pittosporum tobira 'Variegatum'　27
Pittosporum tobira　27
Plachystachys lutea　109
Platycladus orientalis　155
Plumeria rubra　96
Plumeria rubra L. cv. Acutifolia　96
Podocarpus macrophyllus　156
Polyalthia longifolia 'Pendula'　10
Polyscias filicifolia　87
Pontederia cordata　123
Portulaca grandiflora　18
Pseudodrynaria coronans　159
Psidium guajava　35
Pteris semipinnata　158
Pterocarpus indicus　68
Pyrostegia venusta　106

Q
Quisqualis indica　38

R
Raphiolepis indica　55
Ravenala madagascariensis　118
Ravenea rivularis　141
Reineckea carnea　123
Rhapis excelsa　141
Rhapis humilis　142
Rhododendron hybridum　88
Rhododendron pulchrum　89
Rhododendron simsii　89
Rosa chinensis　55
Roystonea oleracea　142
Roystonea regia　143
Ruellia brittoniana　108
Russelia equisetiformis　103

S
Sabina chinensis　155
Sabina chinensis 'Kaizuca'　155
Saintpaulia ionantha　104
Salix babylonica　70
Salvia splendens　115
Sanchezia nobilis　110
Sansevieria trifasciata　133
Sansevieria trifasciata 'Laurentii'　133
Schefflera actinophylla　88
Schefflera arboricola　87
Schima superba　31
Setcreasea purpurea　117
Sinningia speciosa　104
Spathodea campanulata　107
Sterculia lanceolata　41
Sterculia nobilis　42
Strelitzia reginae　118
Stromanthe sanguinea　120
Syagrus romanzoffiana　143
Syngonium podophyllum　127
Syzygium cumini　36
Syzygium jambos　36
Syzygium samarangense　37

T
Tabebuia chrysotricha　107
Tabernaemontana divarica　97
Tagetes erecta　101
Taxodium distichum　154
Taxodium distichum var. *imbricatum*　154
Tectona grandis　114
Terminalia arjuna　39
Terminalia mantalyi　39
Terminalia mantalyi 'Tricolor'　39
Thalia dealbata　119
Thevetia peruviana　97
Tibouchina aspera var. *asperrima*　37
Tibouchina semidecandra　38
Torenia fournieri　104
Trachycarpus fortunei　144
Tradescantia spathacea　116
Tradescantia spathacea 'Compacta'　116
Tradescantia zebrina　116

V
Victoria amazonica　13
Viola tricolor var. *hortensis*　17

W
Washingtonia filifera　144
Wedelia trilobata　101
Wisteria sinensis　68
Wodyetia bifurcata　145

Y
Yucca elephantipes　134
Yucca gloriosa　134

Z
Zamiaculcas zamiifolia　127
Zephyranthes candida　128
Zephyranthes carinata　129
Zoysia tenuifolia　151

参考文献

1. 李沛琼, 张寿洲, 王勇进, 傅晓平. 耐荫半耐荫植物[M]. 北京: 中国林业出版社, 2003
2. 刘心源. 植物标本采集制作与管理[M]. 北京: 科学出版社, 1981
3. 深圳市仙湖植物园编著. 深圳园林植物续集（一）[M]. 北京: 中国林业出版社, 2004
4. 深圳市政府城市管理办公室编. 深圳园林植物[M]. 北京: 中国林业出版社, 1998
5. 庄雪影主编. 园林树木学（华南版）, 第二版[M]. 广州: 华南理工大学出版社, 2006